150 QCM corrigés

Physique

Mécanique, capillarité, thermodynamique, optique géométrique, ondes

Yannick Favreau

Enseignant en centre de préparation PCEM et PCEP

Éditions Pradel

Déjà parus dans la collection « 150 QCM corrigés »

Biochimie structurale
P. Souetre

Biochimie métabolique
P. Souetre

Biologie cellulaire
P. Souetre

Histologie
Y.I. Maga

Embryologie
Y.I. Maga

Dans la collection « Réussir le PCEM 1 »

Anatomie clinique
R. W. Dudek

Biologie cellulaire et moléculaire
R.W. Dudeck

Biochimie
R.B. Wilcox

Chimie générale
S.D. Bresnick

Embryologie
R.W. Dudeck

Dans la collection « PCEM intensif » (Éditions Pradel)

Anatomie humaine
Chung Kyong Won

Embryologie humaine
Fix James D, Dudek R.W.

Biochimie
Marks Dawn B.

Physiologie
Constanzo Linda S.

Hors collection (Éditions Pradel)

Neurosciences
À la découverte du cerveau
M.F. Bears, B.W. Connors, M.E. Paradisio
Traduction : A. Nieoullon

Le système nerveux central
2e édition
G. Braillon

36 planches d'anatomie humaine
Anatomical Chart Company
Traduction : D. Pigot-Renou et G. Renou

1, av. Édouard-Belin
92 500 Rueil-Malmaison
France

ISBN : 2-913996-28-0
ISSN : 1628-4666

Table des matières

Questions

Réponses et commentaires

QUESTIONS

Mécanique du point

Pour chaque question, il peut y avoir aucune, une seule ou plusieurs bonnes réponses.

1 Ces affirmations relatives au mouvements fondamentaux sont-elles vraies ?

☐ **A** Quand le vecteur accélération est constant, le mouvement est dit rectiligne uniforme.

☐ **B** Le mouvement circulaire uniforme est un mouvement pour lequel la vitesse est constante, et en conséquence, n'a pas d'accélération.

☐ **C** Quand on qualifie un mouvement d'uniforme sans préciser davantage, il s'agit de la norme de la vitesse qui est constante.

☐ **D** Le mouvement parabolique est la composition d'un mouvement rectiligne et uniforme sur un axe et d'un mouvement rectiligne uniformément accéléré sur l'autre.

☐ **E** Le mouvement hélicoïdal est la composition d'un mouvement circulaire et uniforme sur un plan et d'un mouvement rectiligne uniforme sur un axe perpendiculaire à ce plan.

2 Identification de la forme d'équations horaires :

☐ **A** $x = \frac{1}{2} a_x t + v_{ox} t + x_o$ est une équation horaire relative au mouvement rectiligne uniformément accéléré.

☐ **B** $v_x = a_x t + v_x$ est aussi relative à ce mouvement.

☐ **C** $x = R \cos(\omega t)$ et $y = R \sin(\omega t)$, sont les équations horaires relatives à un cercle.

☐ **D** $x = a \cos(\omega t)$, est l'équation d'une oscillation.

☐ **E** $x = \frac{1}{2} a_x t + v_{ox} t + x_o$ et $y = v_y t + y_o$ sont des équations relatives au mouvement parabolique.

3 Parmi ces propositions sur les notions de base sur les référentiels, laquelle/lesquelles vous semble(nt) exacte(s) ?

☐ **A** Dans un référentiel galiléen, le mouvement d'un corps pseudo isolé est uniforme.

☐ **B** Un référentiel non galiléen est un référentiel qui possède une accélération par rapport à la classe des référentiels galiléens.

☐ **C** Dans les référentiels galiléens et dans les référentiels non galiléens, le bilan de force est identique.

☐ **D** En mécanique de Newton il peut parfois être très pratique de prendre un fluide en mouvement quelconque comme référentiel.

☐ **E** Les référentiels considérés sont tous des référentiels rigoureusement galiléens.

4 Parmi ces propositions sur les trois lois de Newton et les forces, laquelle/lesquelles vous semble(nt) exacte(s) ?

☐ **A** Dans un référentiel donné, si un corps passe d'une vitesse constante à l'immobilité, c'est qu'une force est apparue.

☐ **B** L'accélération d'un corps est proportionnelle à sa masse.

☐ **C** Un corps plongé dans le champ de gravitation terrestre subit une force de gravitation crée par la Terre qui est exactement égale à celle que crée l'objet sur la Terre.

☐ **D** Dans une cabine spatiale en rotation circulaire uniforme autour de la Terre, les effets du champ de gravitation sont indécelables.

☐ **E** Quand un corps est en équilibre dans un référentiel donné, alors son vecteur vitesse est constant.

5 Parmi ces propositions sur l'énergie, laquelle/lesquelles vous semble(nt) exacte(s) ?

☐ **A** Si un système subit un travail non nul, alors la norme de sa vitesse varie.

☐ **B** Le travail de toute force **F** sur un trajet quelconque allant de A à B, peut s'écrire : W = **F.AB**.

☐ **C** Le travail est le déplacement du point d'application d'une force.

☐ **D** Le théorème de l'énergie cinétique s'énonce : $\Delta E_c = F$.

☐ **E** L'énergie est la capacité qu'a un système à fournir un travail.

6 Un enfant tire un traîneau de masse m = 12 kg, initialement immobile, sur une route horizontale, jusqu'à ce qu'il atteigne la vitesse v = 10,8 km.h^{-1} au bout de 3 s. La corde avec laquelle il le tire fait un angle de 30° avec l'horizontale. Quelle est la force de traction exercée par la corde sur le traîneau ?

☐ **A** T = 49,9 N

☐ **B** T = 13,85 N

☐ **C** T = 10,4 N

☐ **D** T = 24 N

☐ **E** T = 6 N

7 **Nous considérons le dispositif ci-contre :**
On donne : $m_1 = 1,5$ kg, $m_2 = 1$ kg. Déterminer le temps de chute de l'objet de masse m_1 si l'on considère que la table se trouve à une hauteur h = 1 m du sol. On donne $g = 10$ m.s^{-2}. Le fil reliant les deux masses mesure 1,20 m.

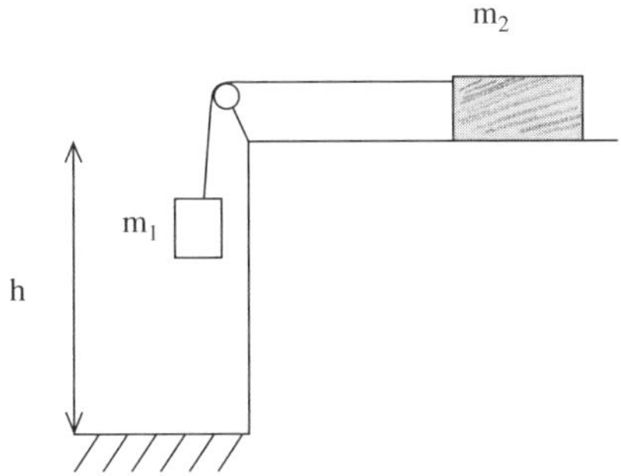

☐ **A** t = 0,58 s
☐ **B** t = 0,41 s
☐ **C** t = 0,33 s
☐ **D** t = 0,16 s
☐ **E** t = 0,48 s

8 **Nous considérons le dispositif suivant :**
On donne $m_1 = 5$ kg, $m_2 = 6,5$ kg ainsi que l'angle $\alpha_1 = 25°$. Déterminer l'angle α_2 pour qu'il y ait équilibre. On prendra $g = 10$ m.s^{-2}.

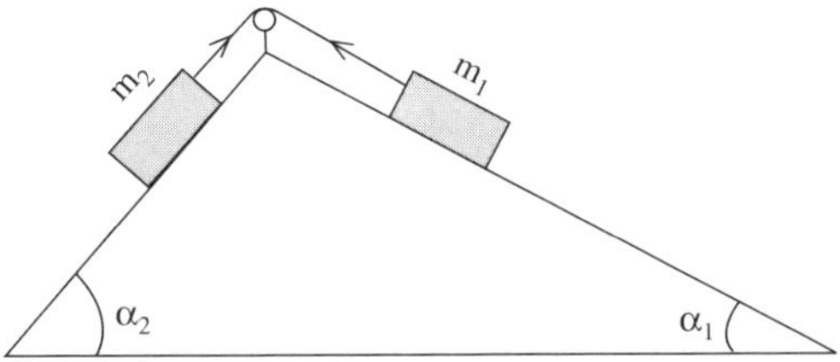

☐ **A** $\alpha_2 = 18,9°$
☐ **B** $\alpha_2 = 45,8°$
☐ **C** Il n'y a pas d'angle correspondant à une position d'équilibre dans ce cas.
☐ **D** $\alpha_2 = 25°$
☐ **E** $\alpha_2 = 90°$

9 **On place maintenant une masse $m_2 = 10$ kg dans un dispositif similaire au précédent. Quelles sont les valeurs des tensions qui s'exercent sur les deux objets ? On donne : $\alpha_1 = 25°$, $\alpha_2 = 42°$ et $m_1 = 5$ kg et $g = 10$ m.s^{-2}.**

☐ **A** T = 21,1 N
☐ **B** T = 63,9 N

☐ **C** T = 22,9 N
☐ **D** T = 88 N
☐ **E** T = 36,4 N

10 Quelle est alors la valeur de l'accélération des deux masses ?
☐ **A** $a = 3\ m.s^{-2}$
☐ **B** $a = 5{,}9\ m.s^{-2}$
☐ **C** $a = 1{,}9\ m.s^{-2}$
☐ **D** $a = 8\ m.s^{-2}$
☐ **E** $a = 10\ m.s^{-2}$

11 Quelle est la vitesse du corps de masse m_2 quand il a parcouru 1,5 m sur son plan incliné ?
☐ **A** $v = 3\ ms^{-1}$
☐ **B** $v = 21{,}2\ ms^{-1}$
☐ **C** $v = 1{,}7\ ms^{-1}$
☐ **D** $v = 4{,}6\ ms^{-1}$
☐ **E** $v = 2{,}9\ ms^{-1}$

12 Quelle est la tension de ce fil pesant (non idéal), placé selon la verticale, de masse m = 55 g et de longueur l = 22 cm, pour x = 16,5 cm ?

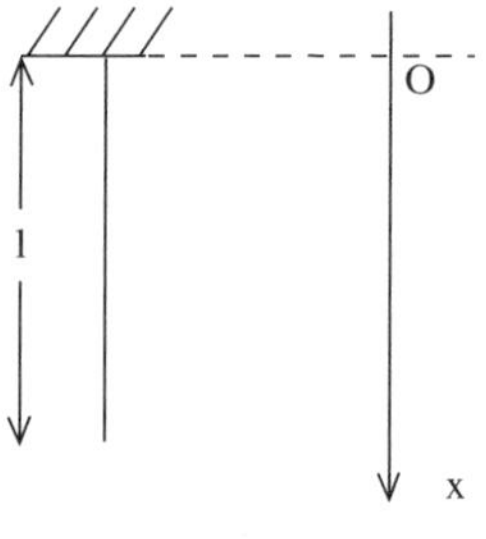

☐ **A** T (x) = 0,013 N
☐ **B** T (x) = 0,02 N
☐ **C** T (x) = 67,5 N
☐ **D** T (x) = 0,01 N
☐ **E** T (x) = 0,0067 N

13 On considère un pendule simple oscillant dans un plan vertical. La bille accrochée au fil de longueur l = 30 cm, a une masse m = 27 g. Quelle est la période des oscillations, dans le cas de petits angles ? On donne $g = 10\ m.s^{-2}$.
☐ **A** T = 21 s
☐ **B** T = 3,63 s
☐ **C** T = 36,3 s
☐ **D** T = 10,8 s
☐ **E** T = 1,09 s

14 **Déterminer la tension du fil du pendule précédent quand l'angle qu'il fait par rapport à l'horizontale est $\theta = 17°$. Il a été lancé a partir de sa position d'équilibre avec une vitesse $v_0 = 1{,}2$ m.s^{-1}.**

- ☐ **A** T (θ = 17°) = 364 N
- ☐ **B** T (θ = 17°) = 0,23 N
- ☐ **C** T (θ = 17°) = 0,76 N
- ☐ **D** T (θ = 17°) = 0,17 N
- ☐ **E** T (θ = 17°) = 170 N

15 **Déterminer l'équation horaire du mouvement quand à t = 0, la vitesse angulaire est 2,3 rad.s^{-1} et l'angle 15°, alors que le mobile descend. Le sens positif des angles orientés sera pris dans le sens trigonométrique direct.**

- ☐ **A** θ (t) = 0,47 cos (5,77 t + 0,99)
- ☐ **B** θ (t) = 0,26 cos 5,77 t
- ☐ **C** θ (t) = 0,30 sin (5,77 t – π/2)
- ☐ **D** θ (t) = 0,30 cos 5,77 t
- ☐ **E** θ (t) = 0,26 sin 5,77 t

16 **Quelle est la valeur de l'accélération quand le pendule simple fait un angle de 17° par rapport à la verticale ?**

- ☐ **A** a = 2,9 m.s^{-2}
- ☐ **B** a = 3,9 m.s^{-2}
- ☐ **C** a = 4,9 m.s^{-2}
- ☐ **D** a = 0,29 m.s^{-2}
- ☐ **E** a = 10 m.s^{-2}

17 **Nous plaçons une butée en l/2, le pendule étant lâché de l'angle α = 27°. De quel angle s'élève alors le pendule de l'autre côté ?**

- ☐ **A** β = 8,46°
- ☐ **B** β = 0,14 rad
- ☐ **C** β = 38,5°
- ☐ **D** β = 0,67 rad
- ☐ **E** β = 27°

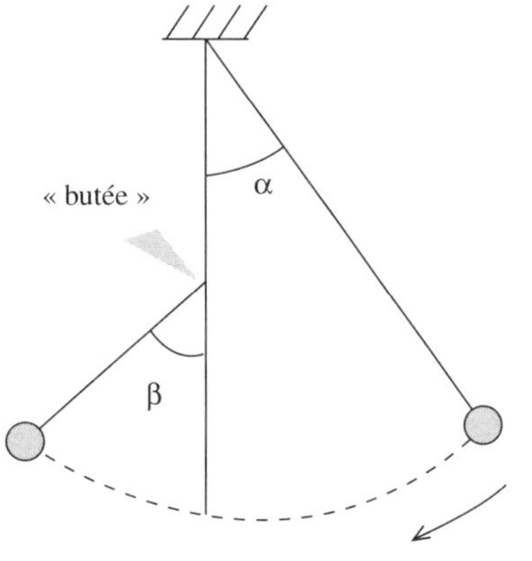

18 **En admettant que le système soit soumis à une force de frottement visqueux et que l'amplitude des oscillations passe de $\alpha = 30°$ à $\beta = 5°$ en 3 mn, déterminer la puissance dissipée sous forme de chaleur.**

☐ **A** $P = 0{,}01$ W
☐ **B** $P = 1{,}23.10^{-4}$ W
☐ **C** $P = 1{,}85.10^{-5}$ W
☐ **D** $P = 3{,}34.10^{-3}$ W
☐ **E** $P = 1{,}95.10^{-4}$ W

19 **Soit un pendule conique : cette fois, le pendule oscille dans un plan horizontal. Quelle doit être la vitesse angulaire de ce mouvement pour que le pendule fasse un angle de 30° par rapport à la position d'équilibre ?**

☐ **A** $\omega = 6{,}2$ rad.s^{-1}
☐ **B** $\omega = 38{,}5$ rad.s^{-1}
☐ **C** $\omega = 5{,}8$ rad.s^{-1}
☐ **D** $\omega = 4{,}4$ rad.s^{-1}
☐ **E** $\omega = 8{,}16$ rad.s^{-1}

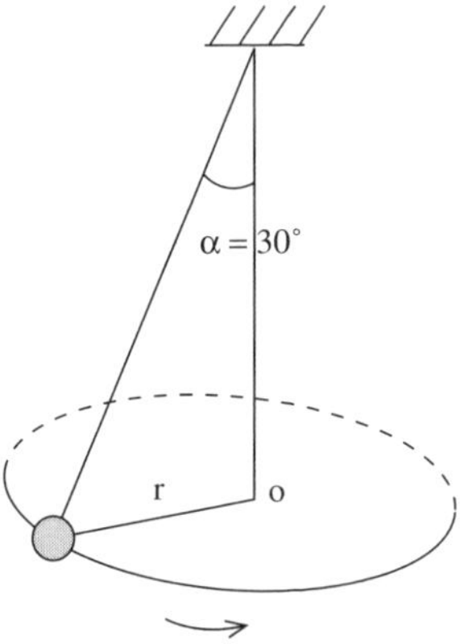

20 **On considère le pendule conique représenté dans la figure ci-contre : Déterminer la vitesse angulaire minimale pour que les deux fils soient tendus. La longueur des fils est l = 20 cm, la masse de la bille m = 30 g. Les points d'attache sont distants de d = 30 cm.**

☐ **A** $\omega = 8{,}16$ rad.s^{-1}
☐ **B** $\omega = 66{,}6$ rad.s^{-1}
☐ **C** $\omega = 0{,}81$ rad.s^{-1}
☐ **D** $\omega = 0{,}66$ rad.s^{-1}
☐ **E** $\omega = 7{,}07$ rad.s^{-1}

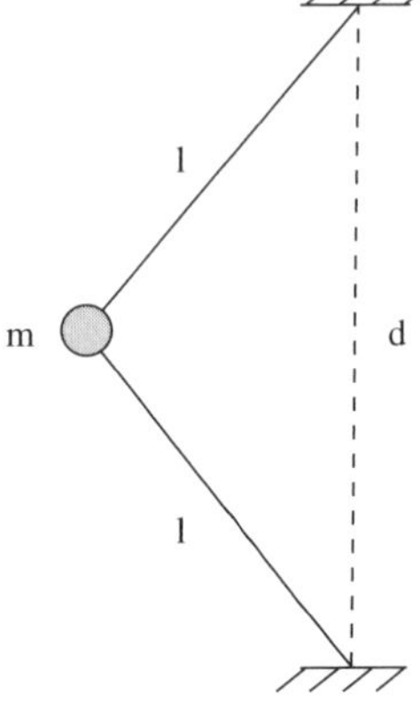

21 Le pendule suivant de longueur l = 30 cm oscille sur un plan incliné d'un angle α = 25°. Déterminer la pulsation des oscillations.

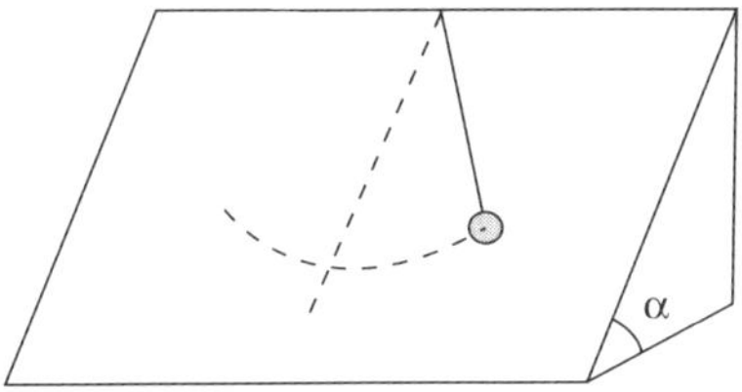

☐ **A** $\omega = 8{,}9\ \text{rad.s}^{-1}$
☐ **B** $\omega = 6{,}1\ \text{rad.s}^{-1}$
☐ **C** $\omega = 36{,}8\ \text{rad.s}^{-1}$
☐ **D** $\omega = 78{,}8\ \text{rad.s}^{-1}$
☐ **E** $\omega = 0{,}88\ \text{rad.s}^{-1}$

22 Dans le cas de l'exercice précédent, déterminer la valeur de la puissance perdue par les forces de frottement si l'amplitude des oscillations passe de 20° à 5° en 1 mn. On prendra ici, l = 20 cm.

☐ **A** $P = 2{,}4.10^{-5}$ W
☐ **B** $P = 1{,}43.10^{-4}$ W
☐ **C** $P = 5{,}12.10^{-5}$ W
☐ **D** $P = 3{,}07.10^{-3}$ W
☐ **E** $P = 1{,}15.10^{-5}$ W

23 Un véhicule monte une butte que l'on peut modéliser par une piste circulaire de rayon R = 10 m, avec une vitesse constante v. Déterminer la vitesse maximale que doit avoir cette voiture si l'on veut qu'elle ne décolle pas. On donne x = 25°.

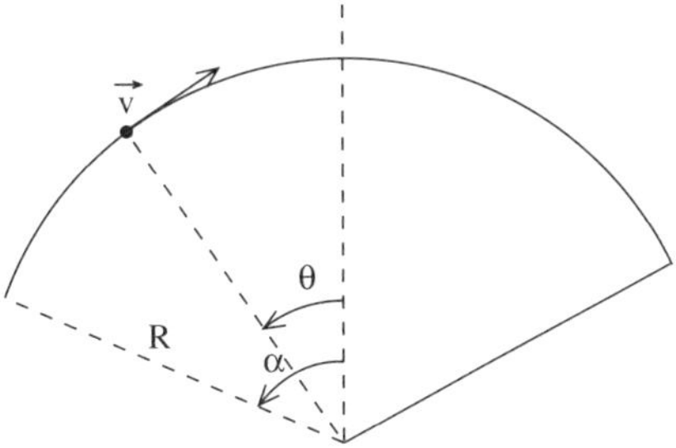

☐ **A** La voiture ne décolle pas, et ceci quelque soit la vitesse.
☐ **B** $v = 9{,}52\ \text{m.s}^{-1}$
☐ **C** $v = 34{,}3\ \text{km.h}^{-1}$
☐ **D** $v = 90{,}6\ \text{m.s}^{-1}$
☐ **E** $v = 10\ \text{m.s}^{-1}$

24 **Quelle est la valeur de l'angle pour lequel un mobile lancé à une vitesse $v_0 = 1{,}5\ m.s^{-1}$, quitte la piste lors du looping ? Le rayon de courbure de la piste est R = 2,5 m.**

☐ **A** $\theta = 0{,}36$ rad
☐ **B** $\theta = 50{,}45°$
☐ **C** $\theta = 0{,}88$ rad
☐ **D** $\theta = 1{,}47$ rad
☐ **E** $\theta = 87{,}9°$

25 **Une bille de masse m = 50 g, qui est attachée à un ressort, tourne sur un plan horizontal avec une vitesse $\omega = 10\ rad.s^{-1}$. Déterminer la valeur de l'allongement du ressort, si sa longueur à vide est $l_0 = 18$ cm, et sa constante de raideur $k = 30\ N.m^{-1}$.**

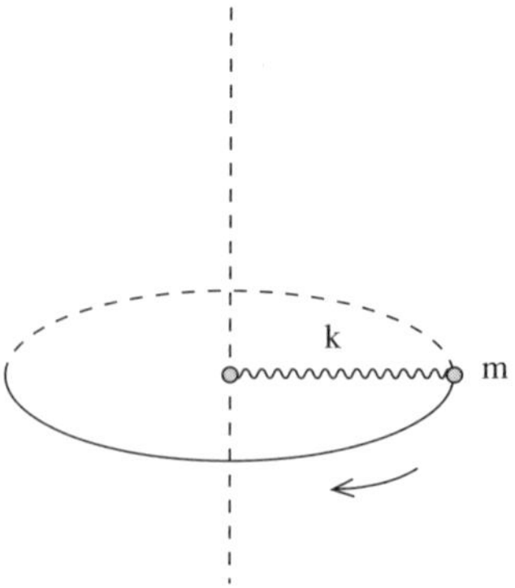

☐ **A** $\Delta l = 3$ cm
☐ **B** $\Delta l = 3$ m
☐ **C** $\Delta l = 3$ mm
☐ **D** $\Delta l = 3{,}6$ cm
☐ **E** $\Delta l = 3{,}6$ m

26 **On considère le dispositif ci-contre. La bille de masse m = 70 g subit les tensions des deux ressorts de longueur à vide identique $l_0 = 25$ cm, de raideur $k_1 = 30\ N.m^{-1}$ et $k_2 = 20\ N.m^{-1}$. Donner la valeur de la période du mouvement.**

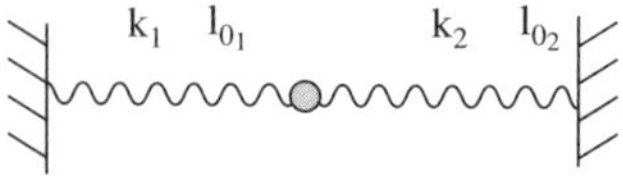

☐ **A** $T = 0{,}33$ s
☐ **B** $T = 5{,}6$ s

□ **C** T = 0,13 s
□ **D** T = 0,23 s
□ **E** T = 4,25 s

27 Donner la valeur de l'angle pour laquelle le palet glissant sur une demi sphère la quitte. Il est lâché du sommet de celle-ci sans vitesse initiale. Le rayon de la sphère est R = 60 cm.
□ **A** $\theta = 90°$
□ **B** $\theta = 45°$
□ **C** La bille ne quitte pas la sphère.
□ **D** $\theta = 0{,}78$ rad
□ **E** $\theta = 48{,}2°$

28 Déterminer la valeur des forces de frottement f, si la longueur qu'a parcouru un palet de masse m = 800 g, lancé sur un plan incliné d'un angle $\alpha = 22°$ avec une vitesse $v_0 = 10$ m.s^{-1}, est l = 1,5 m.
□ **A** f = 23,7 N
□ **B** f = 37 N
□ **C** f = 29,6 N
□ **D** f = 40,3 N
□ **E** f = 26,6 N

29 Déterminer la constante de raideur k d'un ressort placé en bas d'un plan incliné si une bille de masse m = 30 g, lâchée en haut de ce plan, faisant un angle $\alpha = 22°$ avec l'horizontale le contracte de d = 5 cm. La longueur du plan incliné est l = 1 m. La longueur à vide de ce ressort est $l_0 = 20$ cm.
□ **A** k = 252 N.m^{-1}
□ **B** k = 94,4 N.m^{-1}
□ **C** k = 47,2 N.m^{-1}
□ **D** k = 188,8 N.m^{-1}
□ **E** k = 89,9 N.m^{-1}

30 Une bille de masse m = 20 g est attachée à un ressort de raideur k = 15 N.m^{-1} et de longueur à vide $l_0 = 12{,}2$ cm. Quelle est la vitesse atteinte par cette bille si le ressort se dilate du point A au point B, correspondant à $x_A = -10$ cm, et $x_B = -2$ cm ?
□ **A** v = 7,7 m.s^{-1}
□ **B** v = 8,5 m.s^{-1}

☐ **C** $v = 84{,}8\ m.s^{-1}$
☐ **D** $v = 3{,}8\ m.s^{-1}$
☐ **E** $v = 2{,}7\ m.s^{-1}$

31 Nous considérons une situation analogue à celle de la question 29. Déterminer la valeur des forces de frottement existantes sur un plan incliné de $\alpha = 22°$, et de longueur $l = 1$ m, si, un ressort de constante de raideur $k = 35\ N.m^{-1}$ ne se contracte cette fois que de $d = 2{,}5$ cm, quand la bille de masse $m = 30$ g descend ce plan.

☐ **A** $f = 0{,}09$ N
☐ **B** $f = 115{,}2$ N
☐ **C** $f = 0{,}3$ N
☐ **D** $f = 0{,}13$ N
☐ **E** $f = 0{,}10$ N

32 Parmi ces propositions sur un mouvement dans un champ de pesanteur, laquelle/lesquelles est/sont exacte(s) ?

☐ **A** On dit que l'on a affaire à une chute libre quand il n'y a que le poids qui s'exerce sur le système défini.
☐ **B** Si l'on lâche sur la Lune deux objets de masse $m_1 = 1$ kg et un autre de masse $m_2 = 10$ kg, c'est le second qui touche le sol en premier.
☐ **C** Dans un champ de gravitation uniforme et constant la trajectoire circulaire est possible.
☐ **D** L'interaction gravitationnelle est de nature électromagnétique.
☐ **E** La force gravitation a une portée infinie.

33 Déterminer la portée d'un tir effectué à un angle $\alpha = 27°$ par rapport à l'horizontale. La vitesse de lancer est $v_0 = 20\ m.s^{-1}$. Nous prendrons $g = 10\ m.s^{-1}$.

☐ **A** $x_P = 32{,}4$ m
☐ **B** $x_P = 16{,}2$ m
☐ **C** $x_P = 64{,}8$ m
☐ **D** $x_P = 4{,}12$ m
☐ **E** $x_P = 8{,}24$ m

34 Déterminer la flèche du tir précédent.

☐ **A** $y_m = 16{,}4$ m
☐ **B** $y_m = 9{,}2$ m
☐ **C** $y_m = 2{,}3$ m

☐ **D** $y_m = 4{,}12$ m
☐ **E** $y_m = 32{,}4$ m

35 Pour quel angle la portée est-elle maximale ?

☐ **A** $\alpha = 0°$
☐ **B** $\alpha = 45°$
☐ **C** $\alpha = 90°$
☐ **D** $\alpha = 27°$
☐ **E** $\alpha = 54°$

36 Quelle vitesse minimale faut-il fournir à un corps pour qu'il échappe définitivement à l'attraction gravitationnelle d'une planète de masse : $M = 2{,}1.10^{24}$ kg et de rayon : R = 9 000 km. La constante de gravitation universelle est $G = 6{,}67.10^{-11}$ SI. Nous conservons cette valeur de G pour les questions suivantes.

☐ **A** $v = 1{,}76.10^{5}$ $m.s^{-1}$
☐ **B** $v = 5\,580$ $m.s^{-1}$
☐ **C** $v = 3\,945$ $m.s^{-1}$
☐ **D** $v = 1{,}55.10^{8}$ $m.s^{-1}$
☐ **E** $v = 1{,}25.10^{5}$ $m.s^{-1}$

37 Quelle est la vitesse d'un satellite en orbite circulaire et uniforme, de rayon r = 1 000 km, autour de la Terre ? On donne la masse de la Terre $M = 6.10^{24}$ kg et son rayon R = 6 400 km.

☐ **A** $v = 2.10^{4}$ $m.s^{-1}$
☐ **B** $v = 2{,}33.10^{5}$ $m.s^{-1}$
☐ **C** $v = 7\,754$ $m.s^{-1}$
☐ **D** $v = 7{,}35.10^{6}$ $m.s^{-1}$
☐ **E** $v = 5{,}43.10^{6}$ $m.s^{-1}$

38 Calculer à quelle distance mesurée à partir de la Terre se trouve le point d'équigravité de la Terre et de la Lune.
On donne la distance Terre-Lune (le point où les effets de la gravitation lunaire compensent exactement ceux de la gravitation terrestre) : r = 384 402 km. La masse de la Lune est $M_L = 7{,}35.10^{22}$ kg. Et celle de la Terre : $M_T = 5{,}97.10^{24}$ kg.

☐ **A** x = 38 392 km
☐ **B** x = 432 377 km
☐ **C** x = 345 647 km

☐ **D** x = 192 202 km
☐ **E** x = 4 675 km

39 Quelle énergie faut-il fournir à un satellite pour le mettre en orbite autour de la Terre à une altitude de h = 800 km ? Ce satellite a une masse de 1 tonne.

☐ **A** $W = 8{,}9.10^{10}$ J
☐ **B** $W = 3{,}47.10^{13}$ J
☐ **C** $W = 3{,}47.10^{7}$ J
☐ **D** $W = 3{,}47.10^{10}$ J
☐ **E** $W = 8{,}9.10^{7}$ J

40 Quelle est la valeur de la force de gravitation qui s'exerce entre la Terre et le Soleil ?
La masse du Soleil est : $M_s = 1{,}99.10^{30}$ kg, et $M_T = 5{,}97.10^{24}$ kg. La distance Terre-Soleil est r = 152,10 millions de kilomètres.

☐ **A** $F = 3{,}42.10^{22}$ N
☐ **B** $F = 5{,}2.10^{33}$ N
☐ **C** $F = 5{,}2.10^{36}$ N
☐ **D** $F = 3{,}42.10^{28}$ N
☐ **E** $F = 3{,}42.10^{34}$ N

41 Un corps de masse m = 1 kg, animé d'une vitesse $v = 2{,}5\ m.s^{-1}$ entre en collision avec un autre de masse M = 3 kg qui a une vitesse orientée dans le même sens $V = 1{,}5\ m.s^{-1}$. Quelle est la vitesse de l'ensemble qui demeure solidaire après le choc, et toujours dans la direction de la vitesse initiale ?

☐ **A** $v = 1{,}75\ m.s^{-1}$
☐ **B** $v = 0\ m.s^{-1}$
☐ **C** $v = 2{,}33\ m.s^{-1}$
☐ **D** $v = 0{,}48\ km.h^{-1}$
☐ **E** $v = 6{,}3\ km.h^{-1}$

42 Quelle est la vitesse de recul d'un canon de masse M = 200 kg, s'il éjecte un boulet de masse m = 25 kg, à la vitesse $v = 168\ km.h^{-1}$.

☐ **A** $V = 5{,}83\ m.s^{-1}$
☐ **B** $V = 21\ m.s^{-1}$
☐ **C** $V = 383{,}3\ m.s^{-1}$
☐ **D** $V = 75{,}6\ m.s^{-1}$
☐ **E** $V = 0\ m.s^{-1}$

43 **Une bille de masse m = 35 g, animée d'une vitesse v = 3 m.s^{-1}, rencontre une autre bille de même masse et immobile dans le référentiel terrestre. Quel est l'angle d'éjection des deux particules par rapport à la direction de la vitesse de la première ? Le choc est supposé parfaitement élastique.**

☐ **A** $\alpha = 0$ rad
☐ **B** $\alpha = \pi/3$
☐ **C** $\alpha = \pi/6$
☐ **D** $\alpha = \pi/4$ rad
☐ **E** $\alpha = \pi/2$ rad

44 **Quelle est la force de percussion exercée par une bille de masse m = 50 g, sur un mur, quand elle est animée d'une vitesse v = 200 km.h^{-1} ? Le choc est supposé parfaitement élastique, et il s'est produit pendant Δt = 2 ms.**

☐ **A** F = 0 N
☐ **B** F = 10 000 N
☐ **C** F = 2 777,7 N
☐ **D** F = 5 000 N
☐ **E** F = 1 388,8 N

45 **Quelle est la pression exercée sur le mur au point d'impact ? La surface d'impact est S = 5 mm^2.**

☐ **A** P = 5,5.10^{8} Pa
☐ **B** P = 4,2.10^{5} cmHg
☐ **C** P = 1,4.10^{-1} atm
☐ **D** P = 5,5.10^{3} atm
☐ **E** P = 1,4.10^{-6} Pa

Mécanique des fluides

46 Ces assertions relatives aux fluides sont-elles exactes ?

☐ **A** On dit qu'un fluide est à l'équilibre quand chaque élément de ce fluide est au repos dans un référentiel donné.

☐ **B** Un fluide est doué de la propriété de pouvoir s'écouler, donc un gaz est un fluide.

☐ **C** La poussée d'Archimède est due aux forces de pression s'exerçant du fluide sur le solide.

☐ **D** La poussée d'Archimède s'exerce au centre de gravité du système défini.

☐ **E** Il n'y a pas de frottements qui s'exercent entre les différentes couches d'un fluide lors de son écoulement.

47 Ces considérations au sujet de la pression sont-elles exactes ?

☐ **A** La pression est par définition la force qu'exerce un corps par unité de surface du système défini.

☐ **B** Dans un liquide, la variation de pression entre deux points de celui-ci est proportionnelle à la dénivellation.

☐ **C** Dans un gaz, la variation de pression entre deux points de celui-ci est proportionnelle à la dénivellation.

☐ **D** La pression au sein d'un gaz est due aux chocs des corpuscules le constituant contre les parois du récipient le contenant.

☐ **E** Une pression de une atmosphère correspond à 76 cm de mercure.

48 Que pensez-vous de ces assertions ?

☐ **A** Un fluide est dit parfait s'il a une viscosité rigoureusement nulle, ce qui se produit pour les superfluides, état de la matière réalisé pour des températures proches du zéro absolu.

☐ **B** Les liquides et les gaz sont des fluides incompressibles.

☐ **C** Si un fluide est incompressible sa masse volumique reste identique.

☐ **D** La chaleur est un transport de matière s'effectuant à la manière d'un fluide.

☐ **E** Les molécules d'un fluide ont des positions fixes les unes par rapport aux autre lors d'un écoulement quelconque.

49 Trouver la hauteur immergée h, d'un corps en forme de cube d'arête a = 6 cm et de masse volumique ρ = 1,45 kg.m^{-3}. On donne g = 10 m.s^{-1}. La masse volumique du fluide sur lequel

flotte le corps est ρ_f = 2,35 kg.m^{-3}.

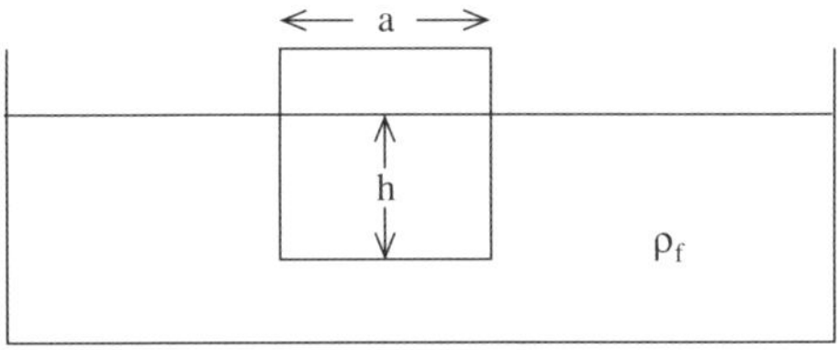

☐ **A** h = a = 6 cm
☐ **B** h = 3,70 cm
☐ **C** h = 2,7 cm
☐ **D** h = 0 cm
☐ **E** h = 3 cm

50 On réalise le dispositif suivant, appelé « vérin hydraulique ». Une force $\vec{F}$ est exercée par un opérateur au niveau du piston à l'entrée du système. Il en résultera une force $\vec{F}'$ à la sortie de ce système. Le diamètre du premier piston est d = 5 cm, et celui du second est D = 30 cm.

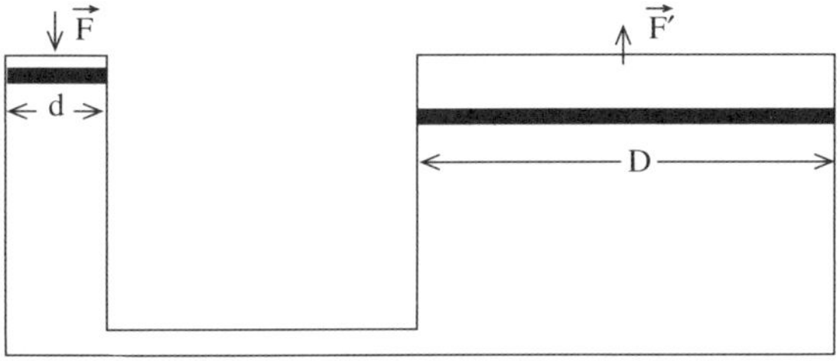

Calculer la force F′, si l'opérateur exerce sur le piston d'entrée la force F = 50 N.

☐ **A** F′ = 1,40 N
☐ **B** F′ = 8,33 N
☐ **C** F′ = 300 N
☐ **D** F′ = 50 N
☐ **E** F′ = 1 800 N

51 Quelle est la pression supplémentaire exercée par l'eau de mer sur un plongeur se trouvant à 50 m de profondeur ? On donne la masse volumique de l'eau salée : ρ = 1,3 g.cm^{-3}. L'intensité de la pesanteur est g = 10 m.s^{-2}.

☐ **A** Δp = 0,49 cmHg
☐ **B** Δp = 6,5.10^{2} Pa
☐ **C** Δp = 6,5.10^{5} Pa
☐ **D** Δp = 6,5 atm
☐ **E** Δp = 0 Pa

52 Déterminer le déplacement du niveau de mercure, après l'ouverture du robinet, dans le dispositif suivant, constitué de deux vases communicants de sections circulaires S_1 = 30 cm² et S_2 = 6 cm², reliés par un tube très fin de volume négligeable. Dans le vase ayant la section la plus importante, on a versé un volume V_1 = 0,6 L de mercure, et dans l'autre un volume V_2 = 0,06 L.

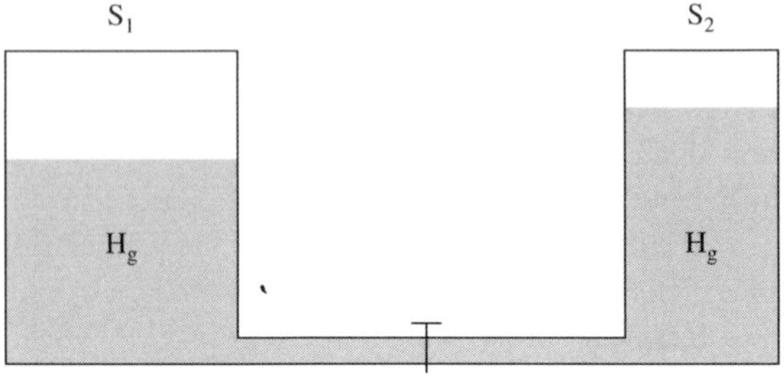

☐ **A** z_1 = 1,66 cm, z_2 = 8,33 cm
☐ **B** z_1 = 20 cm, z_2 = 10 cm
☐ **C** z_1 = 5 cm, z_2 = 25 cm
☐ **D** z_1 = 2,1 cm, z_2 = 12,5 cm
☐ **E** z_1 = 25 cm, z_2 = 5 cm

53 Quelle est la résultante des forces de pression qui s'exercent sur les parois d'une retenue d'eau, représentée dans le schéma suivant ?

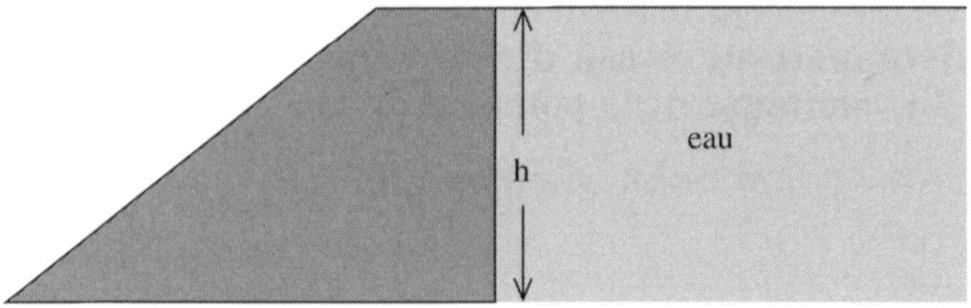

On donne : la masse volumique de l'eau ρ = 1 000 kg.m^{-3}, l'intensité de la pesanteur g = 9,8 m.s^{-2}, la hauteur de la retenue est h = 75 m. La longueur du barrage est l = 100 m.

☐ **A** F = 5,51.10⁹ N
☐ **B** F = 2,75.10⁹ N

☐ **C** $F = 7{,}35.10^7$ N
☐ **D** $F = 2{,}75.10^7$ N
☐ **E** $F = 7{,}35.10^5$ N

54 Quelle est la pression atmosphérique à 32 km d'altitude, sachant que la pression au sol est de $P_0 = 1$ atm. On donne la constante des gaz parfaits : $R = 8{,}31$ J.mol^{-1}.K^{-1}. La valeur du champ de pesanteur au sol est $g = 9{,}8$ m.s^{-2}. Nous considérerons l'atmosphère isotherme (ce qui est une approximation grossière), $T = 20$ °C. La masse molaire de l'air est $M = 29$ g.mol^{-1}.

☐ **A** p = 0,02 atm
☐ **B** p = 1 atm
☐ **C** p = 2 398 Pa
☐ **D** p = 2 000 bar
☐ **E** p = 0,02 bar

55 Sur la base de la question précédente, calculer la hauteur d'échelle, c'est-à-dire la hauteur pour laquelle la pression atmosphérique est divisée par e.

☐ **A** h = 8 577,6 m
☐ **B** h = 8,6 m
☐ **C** h = 585,5 km
☐ **D** h = 0,11 km
☐ **E** h = 0,58 km

56 Nous considérons une pompe hydraulique qui retire de l'eau d'un lac et l'éjecte à son autre extrémité à une hauteur de 10 m par rapport au niveau d'eau, à une vitesse : $v = 7{,}5$ m.s^{-1}. Le dédit volumique de la pompe est : $d_v = 30$ L.s^{-1}.

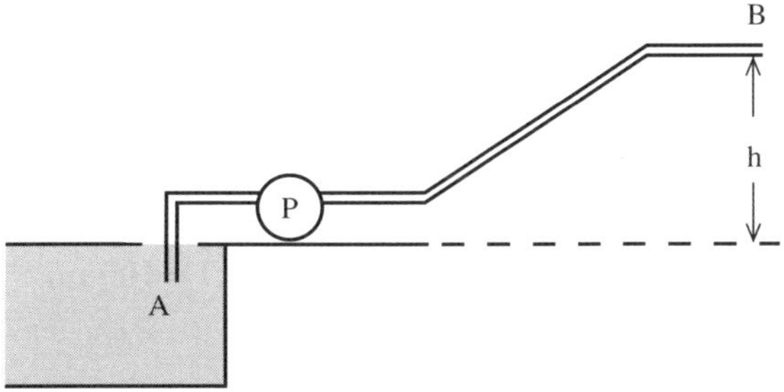

QUESTIONS

Quelle est la puissance de cette pompe ?

☐ **A** $P = 1{,}28.10^2$ kW
☐ **B** $P = 3{,}84.10^2$ kW
☐ **C** $P = 3{,}84$ kW
☐ **D** $p = 3$ kW
☐ **E** $P = 93{,}2$ kW

57 Considérons la clepsydre suivante, qui a la forme d'un récipient cylindrique de rayon R. La hauteur h est celle du liquide au-dessus du robinet. Le liquide sort du récipient en formant un tube cylindrique de rayon r, où chaque particule de fluide a une vitesse v. Donner la vitesse v sachant que h = 25 cm, et g = 10 m.s^{-2}.

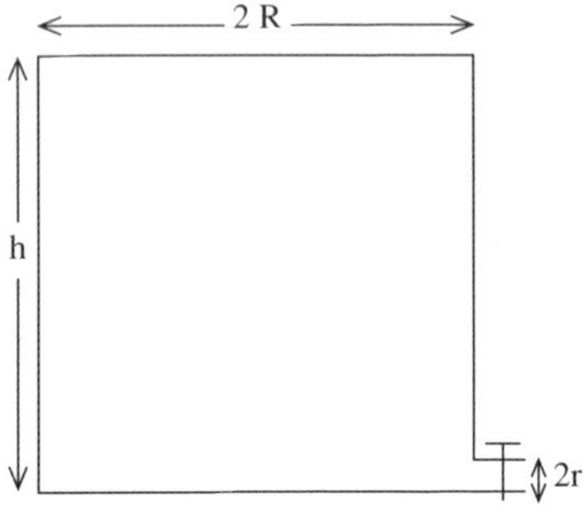

☐ **A** $v = 5$ m.s^{-1}
☐ **B** $v = 2{,}23$ m.s^{-1}
☐ **C** $v = 2{,}5$ m.s^{-1}
☐ **D** $v = 1{,}58$ m.s^{-1}
☐ **E** $v = 20$ m.s^{-1}

58 Combien de temps faudra-t-il pour vider la clepsydre sachant que R = 10 cm et r = 4 mm.

☐ **A** $t = 1\,397{,}5$ s
☐ **B** $t = 98{,}8$ s
☐ **C** $t = 988{,}2$ s
☐ **D** $t = 140$ s
☐ **E** $t = 31{,}2$ s

59 Quelle est l'équation aux dimensions du coefficient de viscosité η apparaissant dans la formule de Stockes reliant la force de frottement visqueux à la vitesse du fluide ?

☐ **A** $ML^{-1}\ T^{-1}$
☐ **B** MT^{-1}
☐ **C** $ML^{-1}\ T^{-2}$
☐ **D** ML
☐ **E** MT^{-2}

60 Déterminer le coefficient de viscosité d'un liquide dans lequel tombe une bille de rayon r = 3 mm, et de masse volumique 7,9 g.cm^{-3}. Au bout d'un certain temps la vitesse limite est atteinte : v = 2 m.s^{-1}. Nous négligerons la poussée d'Archimède et les forces de tension superficielles. L'intensité de la pesanteur est g = 10 m.s^{-2}.

☐ **A** $\eta = 24$ P
☐ **B** $\eta = 80$ P
☐ **C** $\eta = 0{,}08$ P
☐ **D** $\eta = 0{,}024$ P
☐ **E** $\eta = 26{,}3$ P

61 Déterminer la viscosité d'une bille de masse m = 0,1 g et de rayon r = 2 mm qui tombe dans un fluide de viscosité η. On donne la courbe suivante :

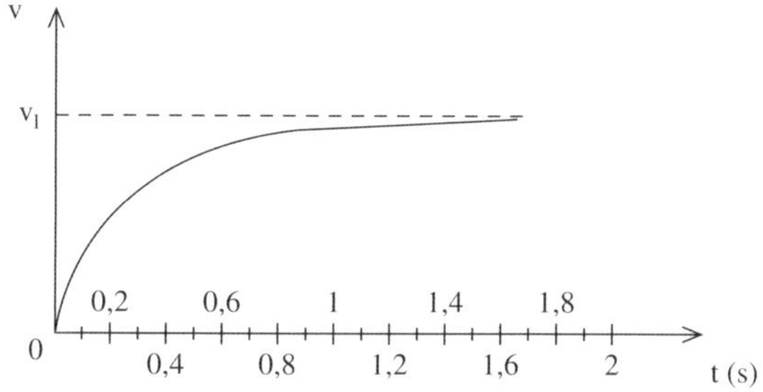

☐ **A** $\eta = 26{,}52$ P
☐ **B** $\eta = 0{,}053$ P
☐ **C** $\eta = 0{,}026$ P
☐ **D** $\eta = 53{,}05$ P
☐ **E** $\eta = 38{,}46$ P

62 Déterminer la hauteur d'un jet d'eau créé par un tuyau vertical de diamètre D = 4,4 cm, dans lequel s'écoule de l'eau avec un dédit volumique d_v = 25 dm^3.s^{-1}.

☐ **A** h = 84 cm
☐ **B** h = 8,4 mm
☐ **C** h = 27 m
☐ **D** h = 1,68 m
☐ **E** h = 13,5 m

63 **Un siphon est représenté dans le schéma suivant :**

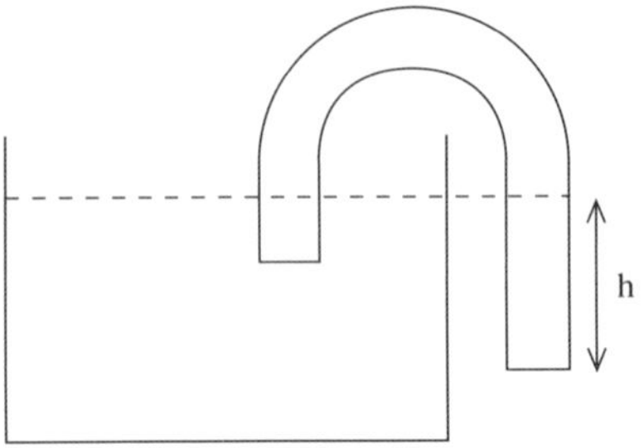

Déterminer la vitesse de l'eau à la sortie de ce siphon si l'extrémité de la portion de tube à l'air libre se trouve à h = 25 cm sous le niveau de l'eau. On donne g = 10 m.s^{-2}.

☐ **A** v = 4,97 m.s^{-1}
☐ **B** v = 2,5 m.s^{-1}
☐ **C** v = 22,36 m.s^{-1}
☐ **D** v = 2,23 m.s^{-1}
☐ **E** v = 1,58 m.s^{-1}

Tension superficielle et capillarité

64 **Ces assertions sur les forces de tension superficielles sont-elles exactes ?**

☐ **A** Les forces de tension superficielle expliquent le ménisque se trouvant à la surface des liquides.

☐ **B** Elles expliquent aussi le fait que le mercure perle sur une surface donnée.

☐ **C** À leur base se trouvent les forces électrostatiques s'exerçant entre les molécules constituant la surface du liquide.

☐ **D** L'angle de mouillage est nul quand un liquide donné forme une goutte quand il est en contact avec un corps d'une autre nature.

☐ **E** Plus le diamètre d'un tube capillaire est faible, mois le liquide monte.

65 **Quelle est la surpression existant au sein d'une bulle de savon ayant 10 mm de diamètre sachant que la tension superficielle de l'eau savonneuse est d'environ $\gamma = 30$ mN.m^{-1} ?**

☐ **A** $\Delta p = 24$ Pa.

☐ **B** $\Delta p = 2\,400$ Pa.

☐ **C** $\Delta p = 12$ Pa.

☐ **D** $\Delta p = 1\,200$ Pa.

☐ **E** $\Delta p = 3$ Pa.

66 **Quelle est la surpression existant au sein d'une goutte d'eau de pluie ayant un rayon R = 0,25 mm, sachant que la tension superficielle de l'eau est $\gamma = 73$ mN.m^{-1} ?**

☐ **A** $\Delta p = 0$ Pa

☐ **B** $\Delta p = 5{,}84.10^5$ Pa

☐ **C** $\Delta p = 292$ Pa

☐ **D** $\Delta p = 2{,}92.10^5$ Pa

☐ **E** $\Delta p = 584$ Pa

67 **Nous considérons un tube capillaire de diamètre d = 0,1 mm. Ce tube, placé à l'une de ces extrémités et verticalement en contact avec un liquide qui mouille parfaitement le verre ayant**

une masse volumique $\rho = 2{,}3$ g.m^{-3}, monte de $h = 28$ cm. On donne $g = 10$ m.s^{-1}. Quelle est la tension superficielle de ce liquide ?

☐ **A** $\gamma = 0$ mN.m^{-1}
☐ **B** $\gamma = 322$ mN.m^{-1}
☐ **C** $\gamma = 161$ N.m^{-1}
☐ **D** $\gamma = 322$ N.m^{-1}
☐ **E** $\gamma = 161$ mN.m^{-1}

68 **Quel est le diamètre qu'une bille métallique doit avoir pour qu'elle puisse flotter sur de l'eau ? On donne $\rho_e = 1\,000$ kg.m^{-3}, $\rho_m = 7\,900$ kg.m^{-3}, la tension superficielle de l'eau est $\gamma = 73$ mN^{-1}. Nous considérerons que le métal est en contact avec l'eau le long d'un cercle ayant le rayon de la bille, à demi immergée.**

☐ **A** R = 1,21 mm
☐ **B** R = 44 cm
☐ **C** R = 4,4 cm
☐ **D** R = 0,12 mm
☐ **E** R = 1,4 cm

69 **Quelle est la surpression s'exerçant dans une bulle d'air qui se trouve dans un bocal rempli d'eau ? La tension superficielle de l'eau est $\gamma = 73$ mN^{-1}, le rayon de la bulle R = 1 mm.**

☐ **A** $\Delta p = 7{,}3.10^7$ Pa
☐ **B** $\Delta p = 7{,}3.10^4$ Pa
☐ **C** $\Delta p = 73$ Pa
☐ **D** $\Delta p = 146$ Pa
☐ **E** $\Delta p = 1{,}46.10^5$ Pa

70 **Un liquide de masse volumique $\rho = 1{,}32$ g.cm^3 est monté de la hauteur $h = 12{,}5$ cm dans un tube capillaire de diamètre $r = 0{,}08$ mm. La tangente au ménisque forme un angle de 27,2° avec la paroi du tube de verre. Déterminer la tension superficielle de ce liquide. On prendra $g = 10$ m.s^{-2}.**

☐ **A** $\gamma = 74{,}4$ mN.m^{-1}
☐ **B** $\gamma = 74{,}4$ N.m^{-1}
☐ **C** $\gamma = 74{,}4$ N.m^{-1}
☐ **D** $\gamma = 444$ mN.m^{-1}
☐ **E** $\gamma = 4{,}44$ N.m^{-1}

71 Quelle est la résultante des forces de tension superficielle s'exerçant sur un objet de petite taille sur l'eau d'un lac, créant une dépression de rayon R = 0,4 cm et l'angle θ = 22,3° représenté sur la figure ci-contre ? On prendra la tension superficielle de l'eau : γ = 73 mN.m^{-1}. On supposera que la moitié de la surface de l'objet est en contact avec l'eau.

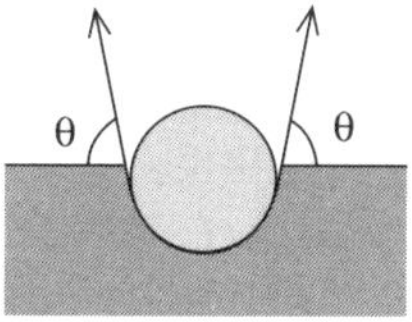

☐ **A** F = 3,5.10^{-4} N
☐ **B** F = 8,5.10^{-4} N
☐ **C** F = 1,7.10^{-3} N
☐ **D** F = 3,5.10^{-2} N
☐ **E** F = 8,5.10^{-2} N

72 La force à fournir pour arracher un anneau de rayon R = 4,5 cm en contact avec un fluide et subissant de la part de celui-ci une force d'attraction causée par la tension superficielle, est F_a = 0,075 N. Sachant que la masse de l'anneau est m = 5,2 g, et que l'intensité de la pesanteur est g = 10 m.s^{-2}, déterminer la tension superficielle γ du fluide.

☐ **A** γ = 0,04 Nm^{-1}
☐ **B** γ = 4.10^{-3} Nm^{-1}
☐ **C** γ = 0,08 Nm^{-1}
☐ **D** γ = 0,40 Nm^{-1}
☐ **E** γ = 8.10^{-3} Nm^{-1}

73 Quelle est la tension superficielle d'un liquide s'écoulant d'un compte-goutte ? On donne le rayon r = 0,01 mm et la masse de la goutte m = 500 μg.

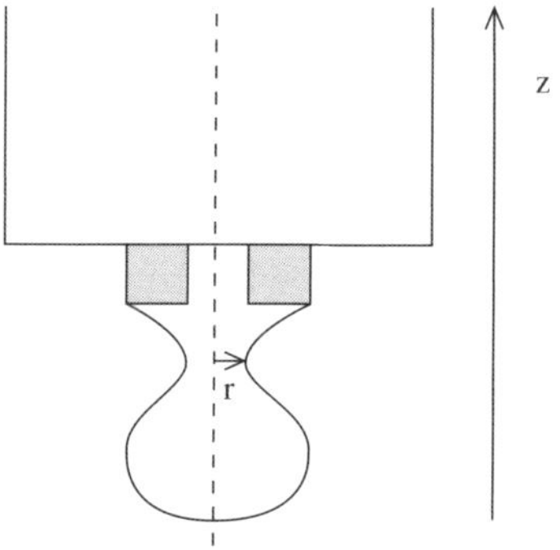

☐ **A** La tension superficielle est proportionnelle à la masse de la goutte.
☐ **B** γ = 79,5 Nm^{-1}
☐ **C** γ = 0,079 Nm^{-1}

☐ **D** $\gamma = 7{,}9.10^{4}$ Nm^{-1}
☐ **E** $\gamma = 79$ mNm^{-1}

74 Quel est le travail effectué par les forces de tension superficielles, lorsque la surface d'une bulle sphérique augmente de 1,3 cm^{2} ? La tension superficielle du fluide étudié est $\gamma = 73$ mN.m^{-1}.

☐ **A** W = 95 J
☐ **B** W = 0,095 J
☐ **C** W = $9{,}5.10^{-6}$ J
☐ **D** W = $1{,}23.10^{-9}$ J
☐ **E** L'énergie est proportionnelle à la variation de l'aire de la surface au carré.

Thermodynamique

75 Que pensez-vous de ces assertions sur la thermodynamique ?

☐ **A** Les concepts de température et de chaleur sont identiques.

☐ **B** La température est reliée au degré d'agitation thermique d'un corps.

☐ **C** La chaleur est un transfert d'énergie au niveau macroscopique.

☐ **D** Des modifications d'ordre mécanique peuvent avoir une incidence sur l'état thermique d'un système.

☐ **E** Quand un corps reçoit de la chaleur, sa température augmente.

76 Quelle est la quantité de chaleur à fournir pour fondre complètement 200 g de glace se trouvant initialement à la température de – 10 °C ? La chaleur latente de la glace est L = 330 kJ.kg^{-1}, et la chaleur massique de la glace c_g = 2 100 J.kg.°C^{-1}.

☐ **A** $Q = 6{,}7.10^4$ J

☐ **B** $Q = 4{,}27.10^3$ J

☐ **C** $Q = 7{,}12.10^4$ J

☐ **D** $Q = 7{,}12.10^7$ J

☐ **E** $Q = 4{,}2.10^6$ J

77 Déterminer l'état final d'un mélange d'une masse de glace m_g = 500 g à une température de – 12,5 °C et d'une masse d'eau m_e = 660 g à 10,2 °C. La chaleur massique de l'eau est c_e = 4,180 kJ.kg^{-1}.K^{-1}. Nous prendrons les valeurs de L et de c_g de la question 76.

☐ **A** Toute la glace a fondu et le mélange est à 0 °C.

☐ **B** Le mélange initial s'est complètement transformé en eau, l'ensemble étant à 0 °C.

☐ **C** La température finale est positive.

☐ **D** La température finale est négative.

☐ **E** À l'équilibre, on a un mélange de glace et d'eau.

78 Quelle est la variation d'énergie interne d'un gaz parfait constitué de 2.10^{-3} kg d'oxygène, quand sa température passe de 20 °C à 50 °C. On rappelle que R = 8,32 SI, et que $\gamma = C_P/C_V = 1{,}4$.

☐ **A** $\Delta U = 29{,}12$ J

☐ **B** $\Delta U = 0{,}0029$ J

☐ **C** $\Delta U = 0{,}039$ J

☐ **D** $\Delta U = 39$ J
☐ **E** $\Delta U = 625$ J

79 **Évaluer la variation de température de 2,3 moles de gaz parfait mono-atomique lors d'une transformation isobare pour laquelle le volume gazeux passe de 20 L à 5 L. La température initiale est $T_1 = 20$ °C.**
☐ **A** $T_2 = 278$ °C
☐ **B** $T_2 = 353$ K
☐ **C** $T_2 = 5$ °C
☐ **D** $T_2 = 80$ °C
☐ **E** $T_2 = 278$ K

80 **Prenons 1 g d'hélium que l'on enferme dans un récipient fermé par un piston à la pression $p_0 = 1$ atm et ayant un volume $V_0 = 15$ L.**
Quelle est la pression finale p si l'on opère une compression adiabatique réversible jusqu'à ce que le volume final soit V = 8 L. On prendra $\gamma = 1,4$.
☐ **A** p = 2,41 atm
☐ **B** p = 0,41 atm
☐ **C** p = 1,87 Pa
☐ **D** p = 1,87 atm
☐ **E** $p = 2,41.10^5$ Pa

81 **Quel est la variation d'énergie interne associée à la transformation précédente ?**
☐ **A** $\Delta U = 1,07.10^6$ J
☐ **B** $\Delta U = 0,010$ J
☐ **C** $\Delta U = 428$ J
☐ **D** $\Delta U = 1\,070$ J
☐ **E** $\Delta U = 4,28.10^{-3}$ J

82 **Nous considérons deux solides de même masse m = 1 kg et de capacité calorifique $C_1 = 525$ J.K^{-1} et $C_2 = 410$ J.K^{-1}, respectivement aux températures $T_1 = 20$ °C et $T_2 = 30$ °C, d'abord isolés. Déterminer la température finale des deux corps à l'équilibre thermique, les deux corps étant mis en contact et l'ensemble isolé.**
☐ **A** $T_f = 24,4$ °C
☐ **B** $T_f = 25$ °C

☐ **C** $T_f = 297,4$ K
☐ **D** $T_f = 298$ K
☐ **E** $T_f = 30$ °C

83 **Calculer la variation d'entropie associée à la transformation précédente, dans le cas où les deux corps sont identiques et de capacité calorifique C = 500 J.K^{-1}. On prendra : T_1 = 20 °C, et T_2 = 30 °C.**

☐ **A** ΔS = 0,015 J.K^{-1}
☐ **B** ΔS = – 0,018 J.K^{-1}
☐ **C** ΔS = – 3,88 J.K^{-1}
☐ **D** ΔS = 99,42 J.K^{-1}
☐ **E** ΔS = – 1,9 J.K^{-1}

84 **Quelle est la variation d'énergie interne lors d'une transformation isotherme réversible d'une mole de gaz parfait dont le volume passe de 10 L à 7,5 L ? La température est T = 20 °C.**

☐ **A** ΔU = 0 J
☐ **B** ΔU = 2 438 J
☐ **C** ΔU = 4 875 J
☐ **D** ΔU = – 2 438 J
☐ **E** ΔU = – 4 875 J

85 **Un gramme d'hélium enfermé dans un récipient qui n'est pas adiabatique est en contact avec un thermostat à 3 °C. Sa température initiale est de 30 °C. Quelle est la variation d'entropie du gaz. On prendra un gaz mono-atomique γ = 5/3.**

☐ **A** ΔS = – 27,6 J.K^{-1}
☐ **B** ΔS = + 1,22 J.K^{-1}
☐ **C** ΔS = – 1,22 J.K^{-1}
☐ **D** ΔS = 0,30 J.K^{-1}
☐ **E** ΔS = – 0,30 J.K^{-1}

86 **Quelle est la variation d'énergie interne obtenue lors du passage d'une masse d'air par l'orifice d'un récipient de volume V = 1 L ? On supposera qu'il n'y a pas d'échange de chaleur avec le milieu extérieur et que le récipient était initialement vide.**

☐ **A** ΔU = 2 479 J
☐ **B** ΔU = – 2 479 J
☐ **C** ΔU = 208 J

☐ **D** $\Delta U = -208$ J
☐ **E** $\Delta U = 0$ J

87 Quelle est l'énergie cinétique d'une particule constituant un gaz parfait de masse molaire M = 14 g.mol^{-1} ? Le volume de ce gaz est V = 50 L, pour une pression P = 1 atm. On donne R = 8,32 SI.
☐ **A** $e_c = 4,14.10^{-22}$ J
☐ **B** $e_c = 0,038$ MeV
☐ **C** $e_c = 6,07.10^{-21}$ J
☐ **D** $e_c = 0,038$ eV
☐ **E** $e_c = 2,6.10^{-3}$ eV

88 Déterminer la vitesse quadratique moyenne des particules constituant un gaz parfait mono-atomique. On considère que la température de ce gaz est T = 15 °C. La constante des gaz parfaits est R = 8,32 SI.
☐ **A** $v = 10,6$ ms^{-1}
☐ **B** $v = 76,5$ ms^{-1}
☐ **C** $v = 0,3$ ms^{-1}
☐ **D** $v = 329$ ms^{-1}
☐ **E** $v = 1,1.10^5$ ms^{-1}

89 Déterminer le libre parcours moyen des particules constituant un gaz parfait mono-atomique dont le rayon est r = 2 Å. On considère que la pression du gaz est 50 Pa, et la température T = 300 K. On donne R = 8,32 SI.
☐ **A** $l = 4,7.10^{-4}$ m
☐ **B** $l = 6,6.10^{-4}$ m
☐ **C** $l = 4,2.10^{-5}$ m
☐ **D** $l = 5,9.10^{-5}$ m
☐ **E** $l = 660$ µm

90 Nous réalisons l'expérience suivante où un bloc de métal de masse m = 2,5 kg, à la température T = 550 K, est enfermé dans un récipient adiabatique contenant un gaz parfait initialement à la température T_0 = 293 K, à la pression P_0 = 1 atm, et d'un volume V_0 = 75 L. L'introduction du bloc métallique va amener le volume de gaz à la température T_1, à la pression P_1, et au volume V_1. La pression atmosphérique est $P_0 = 10^5$ Pa. On rappelle que

γ = 1,4. La chaleur massique du métal est C = 500 J.kg^{-1}.C^{-1}. La constante des gaz parfaits est R = 8,32 SI.

- ☐ **A** T_1 = 508,9 K
- ☐ **B** T_1 = 508,9 °C
- ☐ **C** T_1 = 532,8 K
- ☐ **D** T_1 = 532,8 °C
- ☐ **E** T_1 = 550 K

91 Déterminer le coefficient d'autodiffusion d'un gaz parfait à la température T = 300 K, de masse molaire M = 16 g.mol^{-1} à la pression p = 50 Pa. Le diamètre de ces particules est d = 3,5 Å. On donne R = 8,32 SI.

- ☐ **A** D = $4{,}05.10^{-3}$
- ☐ **B** D = 0,09
- ☐ **C** D = 0,03
- ☐ **D** D = 0,38
- ☐ **E** D = 0,12

92 Dans les réacteurs nucléaires, des barres de graphite sont utilisées pour limiter, par absorption, le nombre de réaction de fission. Cela permet un contrôle de ces réactions en limitant le nombre de réactions en chaîne. Sachant que la décroissance de n est donnée par la loi : $n(x) = n_0\, e^{-(\sqrt{(A/D)}x}$ où A est un coefficient relié à l'absorption et D le coefficient de diffusion, déterminer le longueur de diffusion pour laquelle n est divisé par e.

- ☐ **A** L = A/D
- ☐ **B** L = $\sqrt{A/D}$
- ☐ **C** L = D/A
- ☐ **D** L = $\sqrt{D/A}$
- ☐ **E** L = 0

93 Déterminer la densité de flux de chaleur dans un fil rectiligne de longueur L = 32 cm aux extrémités duquel on maintient les températures T_1 = 100 °C et T_2 = 400 °C. Le coefficient de conduction thermique est K = 800 Wm^{-1}.°C^{-1}.

- ☐ **A** j_Q = 7 500 W.m^{-2}
- ☐ **B** j_Q = 10^6 W.m^{-2}
- ☐ **C** j_Q = $2{,}5.10^5$ W.m^{-2}
- ☐ **D** j_Q = $1{,}25.10^6$ W.m^{-2}
- ☐ **E** j_Q = $2{,}4.10^5$ W.m^{-2}

94 Déterminer l'entropie produite dans un fil métallique dans un fil conducteur de résistance R = 100 Ω, et dont la température est T = 33 °C, et ceci pendant Δt = 1 mn par un courant d'intensité I = 2 A.

☐ **A** S^p = 400 $J.K^{-1}$
☐ **B** S^p = 2,4.10^4 $J.K^{-1}$
☐ **C** S^p = 78,4 $J.K^{-1}$
☐ **D** S^p = 1,30 $J.K^{-1}$
☐ **E** S^p = 39,6 $J.K^{-1}$

95 On considère deux barreaux cylindriques, l'un ayant une conductivité thermique K_1 = 200 $Wm^{-1}.°C^{-1}$, et l'autre une conductivité thermique K_2 = 400 $Wm^{-1}.°C^{-1}$, de section identique s = 3,5 cm^2, soudés l'un à l'autre par l'une de leurs extrémités. Une température T_1 = 200 °C est maintenue à l'extrémité libre du premier, et T_2 = 300 °C à l'extrémité du second. Quelle est la température au niveau de la jonction ? La longueur des barreaux vaut L_1 = 1 m et L_2 = 120 cm. Nous ne considérerons que le régime stationnaire.

☐ **A** T = 300 °C
☐ **B** T = 250 °C
☐ **C** T = 262,5 °C
☐ **D** T = 235,3 °C
☐ **E** T = 266,6 °C

Optique

96 Ces affirmations sur la lumière sont-elles vraies ?

- ☐ **A** La lumière est une onde.
- ☐ **B** La lumière est un corpuscule.
- ☐ **C** Les phénomènes lumineux sont de nature électromagnétiques.
- ☐ **D** Les phénomènes lumineux peuvent créer leurs effets en un point, quelque soit la distance de ce point à la source et ceci de façon instantanée.
- ☐ **E** L'étoile Sirius se trouve à 7 années lumière de la Terre. Nous la voyons telle qu'elle était il y a 7 ans.

97 Parmi les propositions suivantes sur la lumière, laquelle/lesquelles est/sont vraie(s) ?

- ☐ **A** La lumière se propage en ligne droite dans un milieu homogène.
- ☐ **B** La lumière se propage toujours en ligne droite.
- ☐ **C** L'effet photo-électrique est relié à la nature ondulatoire de la lumière.
- ☐ **D** Le phénomène de diffraction est relié à la nature ondulatoire de la lumière.
- ☐ **E** L'émission de la lumière est de deux types : spontanée et stimulée.

98 Parmi les propositions suivantes sur le passage d'un milieu à un autre, laquelle/lesquelles est/sont vraie(s) ?

- ☐ **A** L'indice d'un milieu est $n = v/c$.
- ☐ **B** L'indice d'un milieu dépend de la longueur d'onde.
- ☐ **C** Quand la lumière passe d'un milieu à un autre sa longueur d'onde change.
- ☐ **D** La fréquence reste inchangée.
- ☐ **E** La période reste identique lors du passage d'un milieu à un autre.

99 Parmi les propositions suivantes sur les lois de Descartes, laquelle/lesquelles est/sont vraie(s) ?

- ☐ **A** Le rayon réfléchi et le rayon réfracté se trouvent dans le plan d'incidence.
- ☐ **B** Dans les formules habituellement données, les angles doivent être mesurés par rapport au dioptre.

☐ **C** Dans tous les cas, le trajet lumineux correspond au chemin le plus rapide, c'est le principe de Fermat.

☐ **D** La loi de la réfraction est : $n_1 \sin i_1 = n_2 \sin i_2$.

☐ **E** La loi de la réflexion est : $i_1 = i_2$.

100 Parmi les propositions suivantes sur les conditions de Gauss, laquelle/lesquelles est/sont vraie(s) ?

☐ **A** On dit qu'un système est parfaitement stigmatique quand les rayons issus d'un point de l'objet aboutissent tous en un point unique après la traversée du système optique.

☐ **B** Un rayon paraxial est un rayon qui est très peu incliné par rapport à l'axe optique.

☐ **C** On observe un stigmatisme rigoureux pour les rayons paraxiaux.

☐ **D** Le flou de certaines images obtenues par un système optique est dû au stigmatisme non rigoureux.

☐ **E** Les conditions de Gauss garantissent un stigmatisme approché.

101 Quel est le déplacement (c'est-à-dire la distance séparant la direction du rayon incident, de celle du rayon de sortie) d'un rayon lumineux obtenu lors de la traversée d'une lame à faces parallèles d'épaisseur e = 3 mm, si celui-ci fait un angle de 25° par rapport à la normale de la face d'entrée ?
L'indice de réfraction du milieu est n = 1,33.

☐ **A** IH = 0,33 mm

☐ **B** IH = 1,26 mm

☐ **C** IH = 0,36 mm

☐ **D** IH = 1 mm

☐ **E** IH = 3,16 mm

102 Une personne regarde, normalement, à la surface de séparation air-eau, un poisson rouge au-dessus d'un bocal. Sachant que le poisson se trouve à d = 15 cm au-dessous de la surface de l'eau, à quelle distance d′ de la surface de l'eau se trouve l'image du poisson ? On donne l'indice de l'eau : n = 1,33.

☐ **A** d′ = 11,3 cm

☐ **B** d′ = 19,9 cm

☐ **C** d′ = 15 cm

☐ **D** Le poisson paraît un peu plus éloigné de la surface qu'il ne l'est en réalité.

☐ **E** Le poisson paraît un peu plus proche de la surface qu'il ne l'est en réalité.

103 Quel est l'angle au sommet A d'un prisme si on donne les angles r = 18° et r′ = 17° indiqués sur le schéma suivant ?

☐ **A** A = 1°

☐ **B** A = 35°

☐ **C** A = 18°

☐ **D** A = 17°

☐ **E** A = 17,5°

104 Quel est l'angle de déviation d'un rayon lumineux pénétrant dans un prisme d'angle au sommet A = 55°, si le rayon incident fait un angle i = 25° par rapport à la normale et i′ = 35° ?

☐ **A** D = 5°

☐ **B** D = 55°

☐ **C** D = 35°

☐ **D** D = 25°

☐ **E** D = 10°

105 Déterminer les constantes a et b qui apparaissent dans la formule de Cauchy, pour une longueur d'onde en micromètres : $n = a + b/\lambda_0^2$. On a $n (\lambda_0 = 0{,}433\ \mu m) = 1{,}664$, et $n (\lambda_0 = 0{,}570\ \mu m) = 1{,}637$.

☐ **A** a = 1,60 et b = 0,012

☐ **B** a = 0,21 et b = 0,048

☐ **C** a = 1,64 et b = 0,39

☐ **D** a = 1,60 et b = 0,39

☐ **E** a = 1,64 et b = 0,012

106 Un rayon lumineux passe d'un milieu d'indice $n_1 = 1{,}5$ à un autre d'indice $n_2 = 1{,}33$. Quel est l'angle d'incidence à partir duquel le rayon sera totalement réfléchi ?

☐ **A** Cette réflexion est possible quand le rayon lumineux passe d'un milieu caractérisé par un indice à un autre indice plus fort.

☐ **B** $i_1 = 28{,}4°$

☐ **C** $i_1 = 62{,}4°$

☐ **D** $i_1 = 90°$
☐ **E** Il n'y a pas d'angle permettant ce genre de réflexion.

107 Quel est l'angle d'incidence i_b, appelé angle de Brewster, pour lequel le rayon réfléchi par un dioptre plan séparant l'air d'un milieu d'indice n = 1,5 est perpendiculaire au rayon réfracté ?
☐ **A** $i_b = 33{,}7°$
☐ **B** $i_b = 90°$
☐ **C** $i_b = 0°$
☐ **D** $i_b = 56{,}3°$
☐ **E** Aucun angle ne convient à cette condition.

108 Nous considérons la fibre à saut d'indice suivante. On donne $n_2 = 1{,}50$ et $n_1 = 1{,}54$. Donner la valeur de l'angle i que doit avoir un rayon lumineux incident pour qu'il subisse des réflexions multiples au sein de cette fibre.

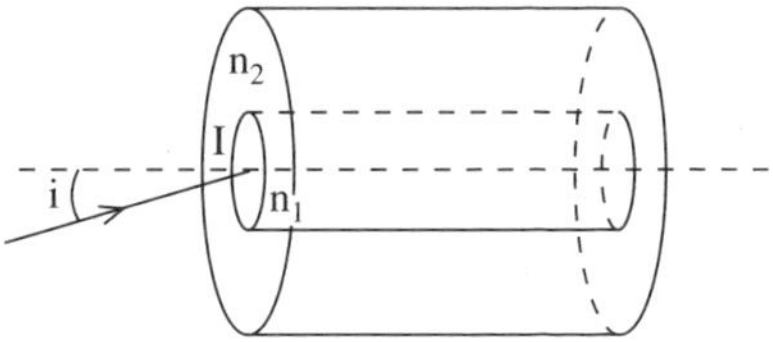

☐ **A** i = 13,1°
☐ **B** i = 69,6°
☐ **C** i = 20,41°
☐ **D** i = 76,9°
☐ **E** Il n'existe pas de tel angle i pour qu'il y ait réflexion dans la fibre.

109 Parmi ces assertions sur les fibres optiques laquelle/lesquelles est/sont exacte(s) ?
☐ **A** Les fibres optiques permettent la transmission d'une information à la vitesse de la lumière qui est c = 300 000 km.s^{-1} : c'est là que réside leur intérêt.
☐ **B** Elles permettent la liaison au réseau ADSL, Internet à haut débit.
☐ **C** Les fibres à gradient d'indice sont des milieux homogènes.
☐ **D** On enregistre toujours une perte d'information même avec cette technologie très performante.
☐ **E** La fibre à saut d'indice émet de la lumière sur toute sa longueur.

110 Déterminer l'angle de déviation D d'un rayon lumineux à la suite de sa traversée d'une goutte d'eau que l'on supposera à

symétrie sphérique. L'angle d'incidence est i = 32°. L'indice de l'eau est n = 1,33. Le trajet suivi par le rayon lumineux consiste en deux réfractions et une réflexion.

☐ **A** D = 150°
☐ **B** D = 133°
☐ **C** D = 77,5°
☐ **D** D = 47°
☐ **E** d = 23,5°

111 Parmi les propositions suivantes sur l'arc-en-ciel, laquelle/lesquelles est/sont exacte(s) ?

☐ **A** D'après le calcul précédent l'arc-en-ciel se trouve toujours dans la direction du Soleil.
☐ **B** Les rayons lumineux sont tous déviés du même angle, et ceci quel que soit la longueur d'onde de la lumière incidente.
☐ **C** Il est possible de se rapprocher de l'arc-en-ciel.
☐ **D** La lumière lunaire peut créer un arc-en-ciel.
☐ **E** Les arcs en ciel multiples sont causés par des réflexions multiples au sein de la goutte d'eau.

112 Parmi les propositions suivantes sur les lentilles, laquelle/lesquelles est/sont exacte(s) ?

☐ **A** Une lentille convergente a des bords minces.
☐ **B** Une lentille divergente a des bords épais.
☐ **C** Nous pouvons recueillir une image virtuelle sur un écran si ce dernier est placé à la bonne distance.
☐ **D** Si nous n'utilisons pas de lentilles minces nous nous éloignons des conditions de Gauss.
☐ **E** Toutes les longueurs d'onde se rencontrent exactement au point focal.

113 Parmi les propositions suivantes sur les systèmes optiques, laquelle/lesquelles est/sont exacte(s) ?

☐ **A** Un système est dit « centré » s'il possède un axe optique.
☐ **B** Un rayon confondu à l'axe optique d'un système centré n'est pas dévié.
☐ **C** Les rayons parallèles à l'axe optique convergent toujours au foyer objet.

☐ **D** La distance focale est la distance séparant le centre optique de la lentille convergente au point de rencontre des rayons lumineux quand ceux-ci sont issus de l'infini.

☐ **E** Le rayon passant par le centre optique d'une lentille est celui qui est le plus dévié.

114 Parmi les propositions suivantes sur les images des lentilles minces, laquelle/lesquelles est/sont exacte(s) ?

☐ **A** Une lentille mince divergente ne donne que des images virtuelles.

☐ **B** Une lentille mince convergente ne donne que des images réelles.

☐ **C** Le foyer objet d'une lentille mince convergente se trouve après la lentille, si l'on prend comme sens positif le sens d'arrivée de la lumière sur la lentille.

☐ **D** Les rayons du Soleil recueillis par une lentille divergente peuvent brûler une feuille de papier.

☐ **E** Un objet placé entre le centre optique et le point focal d'une lentille convergente donne une image virtuelle.

115 Nous considérons une lentille mince convergente. Déterminer la distance focale de celle-ci, si un objet ponctuel situé à 20 cm, de son centre en donne une image nette à 15 cm.

☐ **A** $f' = 8{,}6$ cm

☐ **B** $f' = 60$ cm

☐ **C** $f' = -\,8{,}6$ cm

☐ **D** $f' = -\,60$ cm

☐ **E** $f' = 15$ cm

116 À quelle distance du centre d'une lentille divergente de distance focale 12,5 cm se trouve un objet qui forme une image virtuelle à 10 cm du centre optique de la lentille ?

☐ **A** $p = -\,5{,}55$ cm

☐ **B** $p = 5{,}55$ cm

☐ **C** $p = -\,12{,}5$ cm

☐ **D** $p = -\,0{,}5$ m

☐ **E** $p = 0{,}5$ m

117 **Quelle est la vergence de deux lentilles minces accolées de distances focales $f_1' = 15$ cm et $f_2' = 20$ cm ? Nous considérerons les centres optiques des lentilles confondus.**

☐ **A** $V = 11{,}63\ \delta$
☐ **B** $V = 0{,}11\ \delta$
☐ **C** $V = 6{,}66\ \delta$
☐ **D** $V = 5\ \delta$
☐ **E** $V = 2{,}86\ \delta$

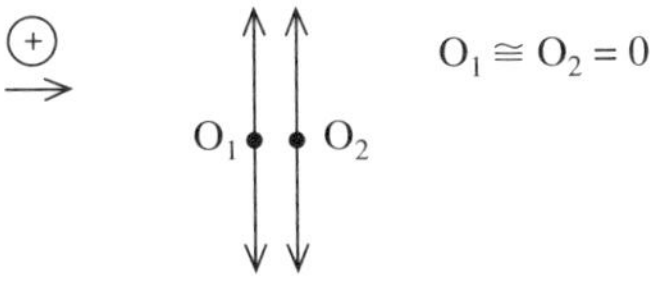

118 **Quel est le grandissement transversal d'une lentille mince convergente à l'aide de laquelle on observe un objet se trouvant à 17,5 cm du centre optique ? On donne $f' = 12{,}5$ cm.**

☐ **A** $\gamma = 1$
☐ **B** $\gamma = -0{,}41$
☐ **C** $\gamma = 43{,}75$
☐ **D** $\gamma = -43{,}75$
☐ **E** $\gamma = -2{,}5$

119 **Déterminer la grandeur $\Delta f'$, différence des distances focales d'une lentille mince biconvexe pour les longueurs d'onde λ_1 = 6 563 Å pour laquelle $n_1 = 1{,}523$ et λ_2 = 4 861 Å pour lequel $n_2 = 1{,}514$. Les rayons de courbure des deux faces de la lentille sont : $R_1 = 1{,}5$ m et $R_2 = 2$ m.**

☐ **A** $\Delta f' = 3$ mm
☐ **B** $\Delta f' = 1{,}5$ mm
☐ **C** $\Delta f' = 4{,}5$ mm
☐ **D** $\Delta f' = 6$ mm
☐ **E** $\Delta f' = 2{,}8$ cm

120 **Déterminer le grossissement d'une loupe constituée d'une lentille mince convergente de distance focale $f' = 5$ cm. La distance minimale de vision distincte est $d_m = 25$ cm. Nous supposerons que l'objet est placé approximativement au foyer objet de la loupe.**

☐ **A** $G = 1$
☐ **B** $G = 5$
☐ **C** $G = 500$
☐ **D** $G = 20$
☐ **E** $G = 0{,}2$

121 Déterminer le grandissement d'un aquarium assimilé à un dioptre sphérique de rayon R = 70 cm, la distance séparant le sommet S du dioptre au poisson est d = 10 cm. L'indice de l'eau est n = 1,33. Nous plaçons dans les conditions de Gauss.

☐ **A** $\gamma = 1$
☐ **B** $\gamma = 1{,}39$
☐ **C** $\gamma = 1{,}33$
☐ **D** $\gamma = 1{,}28$
☐ **E** $\gamma = 0{,}8$

122 Quelle doit être la hauteur minimale que doit avoir un miroir pour qu'une personne dont les yeux sont situés à 1,83 m du sol, puisse y voir ses pieds ? La distance séparant l'homme du miroir est d = 1,5 m.

☐ **A** h = 91,5 cm
☐ **B** h = 1,5 m
☐ **C** h = 3 m
☐ **D** h = 1,83 m
☐ **E** h = 75 cm

123 De quel angle tourne un rayon lumineux réfléchi arrivant normalement à un miroir plan, si ce dernier subit une rotation de $\alpha = 15°$?

☐ **A** $\alpha = 15°$
☐ **B** $\alpha = 30°$
☐ **C** $\alpha = 7{,}5°$
☐ **D** $\alpha = 0°$
☐ **E** $\alpha = 60°$

124 Parmi les propositions suivantes sur les instruments optiques, laquelle/lesquelles est/sont exacte(e) ?

☐ **A** Une lunette astronomique est constituée de deux lentilles minces convergentes.
☐ **B** Le télescope de Newton est conçu lui aussi sur ce principe.
☐ **C** C'est toujours le grossissement qui est le paramètre le plus important pour l'observation astronomique.
☐ **D** Schématiquement le microscope est constitué des mêmes éléments que la lunette astronomique.

☐ **E** Plus le pouvoir séparateur est important plus il est possible de distinguer, grâce à l'instrument utilisé, des détails sur l'objet observé.

125 Nous disposons de l'objectif d'une lunette astronomique, qui donne une image du Soleil mesurant 6 mm sur un écran. Sachant que le diamètre apparent du Soleil est $\alpha = 31'58'' = 9{,}3.10^{-3}$ rad, déterminer la distance focale de cet objectif.

☐ **A** $f_1' = 19{,}5$ cm
☐ **B** $f_1' = 1{,}9$ cm
☐ **C** $f_1' = 5{,}4$ cm
☐ **D** $f_1' = 64{,}5$ cm
☐ **E** $f_1' = 1{,}1$ cm

126 Nous considérons la lunette astronomique de l'exercice précédent cette fois-ci complète (objectif et oculaire). Sachant que l'œil de l'observateur est situé au foyer image de l'oculaire ayant une distance focale $f_2' = 60$ mm, et que l'image issue de l'objectif A_1B_1 est située en son foyer objet, quel est le grossissement de la lunette si la Lune est vue, à l'œil nu sous un angle $\alpha = 31'24'' = 9{,}1.10^{-3}$ rad ? La distance focale de l'objectif est $f'_1 = 64{,}5$ cm.

☐ **A** G = 1,07
☐ **B** G = 0,93
☐ **C** G = 10,7
☐ **D** G = 0,09
☐ **E** G = 9,34

127 Ces affirmations relatives à l'œil sont-elles justes ?

☐ **A** Le cristallin est une lentille divergente à distance focale variable, c'est ce que l'on nomme l'accommodation.
☐ **B** L'œil est en fait une sorte de chambre noire.
☐ **C** L'œil peut percevoir toutes les fréquences lumineuses et toutes les intensités.
☐ **D** L'iris est un diaphragme : il se dilate quand il y beaucoup de lumière et se contracte dans l'obscurité.
☐ **E** La rétine est une sorte d'écran, contenant des cellules sensibles : les cônes permettent le vision des couleurs et les bâtonnets permettent la vision nocturne.

128 Quelle est doit être la distance focale image d'une lentille mince pour corriger une presbytie produisant l'image d'un objet situé à 50 cm devant l'œil, à 5 mm derrière la rétine ? Le globe oculaire a un diamètre de 3,5 cm.

- ☐ **A** $f' = 3{,}7$ cm
- ☐ **B** $f' = 4{,}3$ cm
- ☐ **C** $f' = 4{,}9$ mm
- ☐ **D** $f' = 5{,}05$ mm
- ☐ **E** $f' = -4{,}9$ mm

129 On désire créer l'image d'un objet sur un écran situé à d = 4 m d'un miroir concave ayant un rayon de courbure R = 1,2 m. Quel est le grandissement ? Nous rappelons que la distance focale d'un miroir concave est $f' = R/2$.

- ☐ **A** $\gamma = 5{,}7$
- ☐ **B** $\gamma = -5{,}7$
- ☐ **C** $\gamma = 0{,}17$
- ☐ **D** $\gamma = -0{,}17$
- ☐ **E** $\gamma = 1$

130 Nous considérons un télescope de Newton constitué un miroir concave de rayon R = 2,4 m, et de diamètre d'ouverture d = 20 cm. L'oculaire de distance focale f = 3 cm est positionné de telle façon que l'image finale soit à l'infini. Un miroir plan incliné à 45° par rapport à l'axe du miroir revoie la lumière venant du miroir concave vers l'oculaire. Quel est le grossissement du télescope ?

- ☐ **A** G = 40
- ☐ **B** G = 80
- ☐ **C** G = 0,4
- ☐ **D** G = 0,8
- ☐ **E** G = 800

Ondes

131 Ces assertions sur les ondes sont-elles exactes ?

☐ **A** Le phénomène de propagation d'une onde implique forcément un déplacement de matière.

☐ **B** Lors du passage d'un milieu à un autre d'une onde de nature quelconque la période de l'onde est modifiée.

☐ **C** La vitesse du son est plus importante dans l'air que dans le cuivre.

☐ **D** La vitesse du son dépend des conditions de pressions et de température au moment de l'expérience.

☐ **E** Toutes les fréquences sonores ne sont pas audibles à l'oreille humaine.

132 Un homme plante un piquet, à raison de 20 coups par minute. Un observateur entend le son alors que le piquet est au plus haut de sa trajectoire. Quelle est la distance séparant les deux personnes ? On considérera que la vitesse du son est 340 $m.s^{-1}$.

☐ **A** d = 52,5 m

☐ **B** d = 510 m

☐ **C** d = 105 m

☐ **D** d = 315 m

☐ **E** d = 1 020 m

133 Quelle est la longueur d'onde de la note fa dans l'air et dans l'eau, donnée par la corde d'une guitare ? La fréquence de vibration de la corde de guitare est : f = 350 Hz. La vitesse du son dans l'air est c_1 = 340 $m.s^{-1}$. et dans l'eau c_2 = 1 500 $m.s^{-1}$.

☐ **A** La longueur d'onde dans l'air est λ_1 = 97,1 cm, et λ_2 = 428,4 cm dans l'eau.

☐ **B** La longueur d'onde dans l'air est λ_1 = 97,1 cm, et λ_2 = 22 cm dans l'eau.

☐ **C** La longueur d'onde dans l'air est λ_1 = 428,4 cm, et λ_2 = 97,1 cm dans l'eau.

☐ **D** La longueur d'onde dans l'air est λ_1 = 1,03 m, et λ_2 = 4,54 m dans l'eau.

☐ **E** La longueur d'onde dans l'air est λ_1 = 1,03 m, et λ_2 = 23 cm dans l'eau.

134 Sachant que la corde de cette guitare crée un fuseau de longueur L = 90 cm, et que la masse linéique en est μ = 0,5 $g.m^{-1}$, détermi-

ner la tension de la corde. On rappelle que la vitesse de propagation de l'ébranlement dans une corde vibrante est $v = \sqrt{T/\mu}$. Nous gardons la fréquence du fa de l'exercice précédent.

☐ **A** T = 198,4 N
☐ **B** T = 49,6 N
☐ **C** T = 12,4 N
☐ **D** T = $6{,}48.10^4$ N
☐ **E** T = 315 N

135 Nous considérons une source sonore émettant à la fréquence f = 50 Hz, et ayant la forme mathématique suivante : $p(t) = p_m \cos(\omega t)$, au point où se trouve la source. Quelle est l'équation de cette onde en un point M situé en x = 8,5 m de la source ? La vitesse du son est $c = 340\ m.s^{-1}$.

☐ **A** $p_M(t) = p_m \cos(\omega t - \pi)$
☐ **B** $p_M(t) = p_m \cos(\omega t)$
☐ **C** $p_M(t) = p_m \sin(\omega t)$
☐ **D** $p_M(t) = p_m \cos(\omega t - \pi/2)$
☐ **E** $p_M(t) = p_m \cos(\omega t - 5\pi/2)$

136 Parmi ces assertions sur les ondes, laquelle/lesquelles est/sont exacte(s) ?

☐ **A** Un plan d'onde est finalement une surface équiphase.
☐ **B** La réflexion d'une onde à l'extrémité fixe d'une corde inverse l'amplitude en cette extrémité.
☐ **C** La réflexion d'une onde à l'extrémité libre d'une corde conserve en ce point la même amplitude.
☐ **D** La direction de propagation de l'énergie ondulatoire est perpendiculaire aux plans d'onde.
☐ **E** Les ondes vérifient le principe de superposition. Donc, leur intensité s'additionne.

137 Deux sources sonores sont placées sur une même ligne confondue avec un axe des x, dont l'origine est prise au niveau de la première source. Elles sont espacées de d = 1 m. La vitesse de propagation du son est $c = 340\ m.s^{-1}$. Leur fréquence est f = 1 000 Hz. On observe un phénomène d'interférence.

☐ **A** S'il y a interférence, cela signifie que les sources sont cohérentes.
☐ **B** Cela signifie qu'elles ne sont nécessairement synchrones.

☐ **C** Le point d'abscisse x = 0,5 m est un ventre d'interférence.

☐ **D** Le point d'abscisse x = 0,67 m est un ventre d'interférence.

☐ **E** Le point d'abscisse x = 0,84 m est un nœud d'interférence.

138 On considère une source sonore placée sur un banc expérimental, qui sera pris selon un axe des x dont l'origine sera située à l'endroit de la source. La vitesse du son est c = 340 m.s^{-1} et la fréquence des ondes est f = 640 Hz. Les assertions suivantes sont-elles exactes ?

☐ **A** Il y a phénomène d'interférence.

☐ **B** Les points séparés d'une distance de λ sont en opposition de phase.

☐ **C** Les points situés à une distance de λ/2 l'un de l'autre sont en phase.

☐ **D** Le point situé à x = 1 m est en phase avec la source.

☐ **E** Le point situé à x = 0,625 m est en phase avec la source.

139 Quand on déplace un microphone sur un axe des x à l'origine duquel se trouve un haut-parleur, on observe sur un oscilloscope que les deux courbes, celle relative au microphone et celle relative au haut-parleur sont pour la cinquième fois en opposition de phase pour x = 1,80 m. Déterminer la longueur d'onde du son émis par le haut-parleur.

☐ **A** λ = 36 cm

☐ **B** λ = 22,5 cm

☐ **C** λ = 18 cm

☐ **D** λ = 16,4 cm

☐ **E** λ = 20 cm

140 Une source ultrasonore émet une onde de fréquence f = 25 000 Hz. Cette onde rencontre un oiseau qui se déplace avec la vitesse v, et qui la renvoie. Elle est reçue avec une fréquence f' = 24 000 Hz. La vitesse du son est 340 m.s^{-1}. Ces propositions sont-elles exactes ?

☐ **A** L'oiseau se rapproche du récepteur.

☐ **B** v = 13,6 m.s^{-1}

☐ **C** v = 32,6 m.s^{-1}

☐ **D** v = 326,4 $m.s^{-1}$
☐ **E** v = 0,34 $m.s^{-1}$

141 **Voici le principe du débit-mètre sanguin à effet Doppler : une source sonore sur une sonde, émet une onde de fréquence f = 5,1 MHz au sein d'une veine. L'onde est réfléchie sur le globule rouge qui est en mouvement. On recueille l'onde renvoyée et on s'aperçoit qu'elle a une fréquence différente. La différence de fréquence enregistrée est Δf = 1 000 Hz. Le diamètre de la veine est d = 0,3 mm. La vitesse du son dans le sang est de l'ordre de 1 500 $m.s^{-1}$. Ces propositions sont-elles exactes ?**

☐ **A** Le globule rouge s'éloigne de la sonde.
☐ **B** Le globule rouge s'approche de la sonde.
☐ **C** La vitesse du globule est v = 29,4 $cm.s^{-1}$.
☐ **D** Le débit volumique est d_v = 0,088 $L.s^{-1}$.
☐ **E** Le débit volumique est d_v = 0,019 $L.s^{-1}$.

142 **Soit une source sonore de fréquence f = 1 020 Hz placée sur un banc expérimental confondu à un axe des x, dont l'origine est la source elle-même. Elle est réfléchie par un plan perpendiculaire à sa direction de propagation, qui se trouve à une distance d = 5 m. La vitesse du son est c = 340 $m.s^{-1}$. Ces propositions sont-elles exactes ?**

☐ **A** En x = 2,5 m, il y a un maximum d'intensité.
☐ **B** En x = 2,5 m, il y a un minimum d'intensité.
☐ **C** En x = 2,17 m, il y a un maximum d'intensité.
☐ **D** En x = 0,33 m, il y a un maximum d'intensité.
☐ **E** En fait, il n'y a pas de phénomène d'interférence : les ondes n'ont pas le même déphasage.

143 **Soit une onde ayant pour équation horaire en centimètres : y = 15 sin πt. Donner son amplitude, sa pulsation, sa fréquence et sa période.**

☐ **A** A = 15 cm, ω = π $rad.s^{-1}$, f = 0,5 Hz, T = 2 s.
☐ **B** A = 15 cm, ω = π/2 $rad.s^{-1}$, f = π/4 Hz, T = 4/π s.
☐ **C** A = 15 cm, ω = 1 $rad.s^{-1}$, f = π Hz, T = 1/π s.
☐ **D** A = 15 cm, ω = π $rad.s^{-1}$, f = 1/π Hz, T = π s.
☐ **E** A = 15 cm, ω = 1 $rad.s^{-1}$, f = 2 π Hz, T = 4/π s.

144 Calculer le niveau d'intensité sonore à la distance $r_2 = 30$ m, sachant qu'à la distance $r_1 = 15$ m de la source elle vaut : $\alpha_1 = 50$ dB. On supposera que l'émission est isotrope, et la source ponctuelle. De plus, nous négligeons les phénomènes d'absorption.

☐ **A** $\alpha_2 = 56$ dB
☐ **B** $\alpha_2 = 44$ dB
☐ **C** $\alpha_2 = 47$ dB
☐ **D** $\alpha_2 = 50$ dB
☐ **E** $\alpha_2 = 53$ dB

145 Dans la situation de l'exercice précédent, à quelle distance de la source le son devient-il inaudible ?

☐ **A** r = 4 km
☐ **B** r = 182 m
☐ **C** r = 38 m
☐ **D** r = 22,4 m
☐ **E** Le son est toujours audible, quelque soit la distance.

146 La célérité des ondes se propageant à la surface de l'eau est donnée par : $c = \sqrt{gh}$, où h est la hauteur séparant le fond du bassin de la surface du liquide. Une lame de verre est placée au fond de cette cuve. Déterminer l'épaisseur e de la lame de verre si l'on mesure les célérités suivantes dans le bassin : $c_1 = 20$ cm.s^{-1} et $c_2 = 25$ cm.s^{-1}.

☐ **A** e = 2,25 mm
☐ **B** e = 22,5 cm
☐ **C** e = 22,5 mm
☐ **D** e = 5 mm
☐ **E** e = 5 cm

147 Nous considérons deux hauts-parleurs S_1 et S_2 émettant des ondes de même fréquence f = 10 000 Hz et d'amplitude identique. Donner la différence de marche de un point M de l'axe xx′ perpendiculaire à la médiatrice du segment $[S_1S_2]$, de longueur a = 10 cm, à la distance D = 2 m, des hauts-parleurs. La vitesse du son est 340 m.s^{-1}. On prendra x = 12 cm.

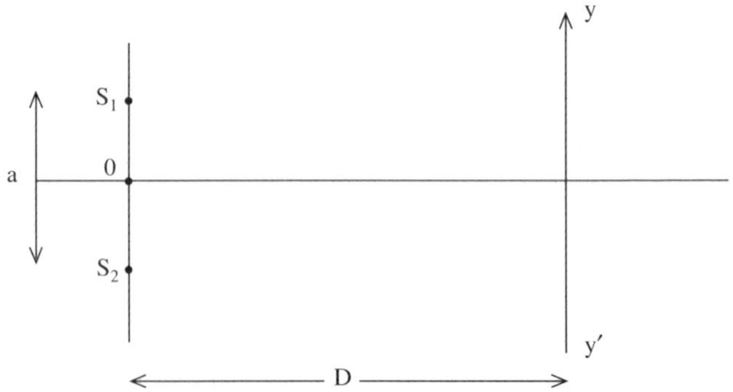

☐ **A** $\delta = 68$ cm
☐ **B** $\delta = 6$ mm
☐ **C** $\delta = 75$ cm
☐ **D** $\delta = 1{,}7$ cm
☐ **E** $\delta = 3{,}4$ cm

148 Dans le cas de l'exercice précédent, donner la valeur de l'interfrange i.

☐ **A** i = 3,4 cm
☐ **B** i = 1,7 cm
☐ **C** i = 0,68 m
☐ **D** i = 6,8 mm
☐ **E** i = 6 mm

149 Déterminer l'interfrange i dans le cas d'interférences lumineuses crées par le dispositif des fentes de Young séparées par une distance a = 0,1 mm, quand la longueur d'onde de la lumière est $\lambda = 0{,}55$ µm. La distance entre le plan des fentes et l'écran est D = 1 m.

☐ **A** i = 0,27 µm
☐ **B** i = 0,13 µm
☐ **C** $i = 5{,}5.10^{-3}$ m
☐ **D** i = 5,5 µm
☐ **E** i = 0,1 mm

150 Nous reprenons le système de fentes de Young précédent, que l'on éclaire cette fois par une lumière polychromatique. Combien de cannelures sombres observe-t-on dans la gamme de longueur d'ondes du spectre visible en un point M situé en x = 16 mm du centre de l'écran ? Nous placerons par exemple un prisme en M. Le spectre visible est compris entre 0,380 et 0,780 µm.

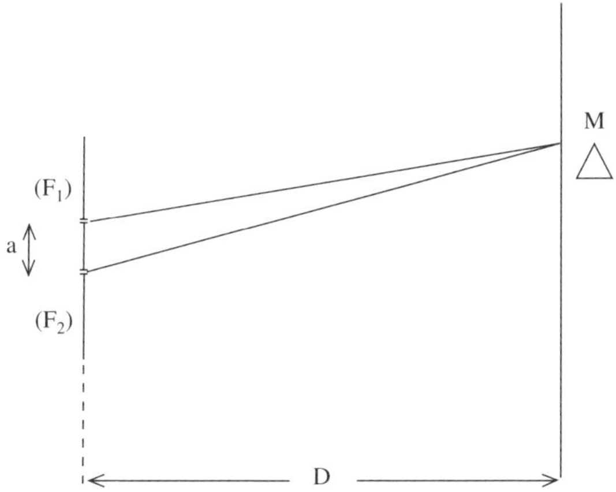

- ☐ **A** 2
- ☐ **B** 3
- ☐ **C** 4
- ☐ **D** 5
- ☐ **E** 6

RÉPONSES
ET
COMMENTAIRES

Toutes les réponses pour s'évaluer*

1 ACDE	20 A	39 D	58 D
2 ABCDE	21 A	40 A	59 A
3 AB	22 A	41 AE	60 C
4 CDE	23 BC	42 A	61 C
5 ACE	24 BC	43 D	62 E
6 B	25 D	44 C	63 D
7 A	26 D	45 ABD	64 ABC
8 A	27 DE	46 ABC	65 A
9 E	28 A	47 ABDE	66 E
10 A	29 B	48 AC	67 E
11 A	30 E	49 B	68 A
12 A	31 E	50 E	69 D
13 E	32 AE	51 CD	70 A
14 C	33 A	52 A	71 A
15 A	34 D	53 B	72 A
16 C	35 B	54 ACE	73 ACE
17 CD	36 B	55 A	74 C
18 B	37 A	56 C	75 BD
19 A	38 C	57 B	76 C

** Ce tableau récapitule les bonnes réponses ou bonnes propositions.*

77 E	96 ABCE	115 A	134 A
78 D	97 ADE	116 D	135 CDE
79 BD	98 BCDE	117 A	136 ABCD
80 AE	99 ACDE	118 E	137 AE
81 D	100 ABDE	119 E	138 D
82 AC	101 C	120 B	139 E
83 E	102 AE	121 D	140 AB
84 A	103 B	122 A	141 BCD
85 E	104 A	123 B	142 BD
86 A	105 A	124 ADE	143 A
87 CD	106 C	125 D	144 B
88 D	107 D	126 C	145 A
89 A	108 C	127 BE	146 A
90 D	109 BD	128 A	147 B
91 E	110 A	129 B	148 C
92 D	111 DE	130 A	149 C
93 E	112 ABD	131 DE	150 A
94 C	113 ABCD	132 BE	
95 C	114 AE	133 A	

Mécanique du point

UN COMMENTAIRE POUR COMPRENDRE

❶ **(ACDE)** B est faux : le vecteur accélération a une direction qui varie lors du mouvement circulaire, c'est seulement la norme de la vitesse qui demeure identique. Les autres propositions sont toute vraies.

❷ **(ABCDE)** Ces propositions sont toutes vraies.

❸ **(AB)** C est faux : dans un référentiel non galiléen il faut en plus rajouter des forces d'inertie. D est faux aussi : prendre un fluide en mouvement quelconque comme référentiel, serait très complexe car chaque point peut avoir une vitesse différente, et cette possibilité n'est pas justifiée dans les situations de la mécanique de Newton. E est faux : les référentiels que l'on définit ne sont pas rigoureusement galiléens, ils sont tous soumis à une force extérieure, même si celle-ci est minime.

❹ **(CDE)** B est faux : l'accélération est inversement proportionnelle à la masse. C est vrai en vertu du principe de l'action et de la réaction. C est vrai : les forces d'inertie centrifuges compensent la force d'attraction gravitationnelle. D est vrai, et ceci est du aux forces d'inertie centrifuges. E est vrai lui aussi : c'est le principe d'inertie qui est en jeu ici.

❺ **(ACE)** A est vrai en vertu du théorème de l'énergie cinétique. B est faux : ce qui est donné ici, c'est le travail d'une force constante. D est faux : $\Delta E_c = W^F$. Les autres réponses sont vraies.

❻ **(B)** On écrit le principe fondamental de la dynamique : $m\mathbf{a} = \Sigma\mathbf{F}$. Soit en projection sur l'axe des x : $ma_x = T \cos \alpha$. L'accélération est : $a_x = \Delta v_x/\Delta t = 1\ m.s^{-1}$. D'où, finalement : $T = ma_x/\cos \alpha = 13{,}85\ N$. A est faux : il faut convertir les $km.h^{-1}$ en $m.s^{-1}$. Toutes les autres propositions sont fausses : ce sont des erreurs de projection, ou des erreurs de transposition.

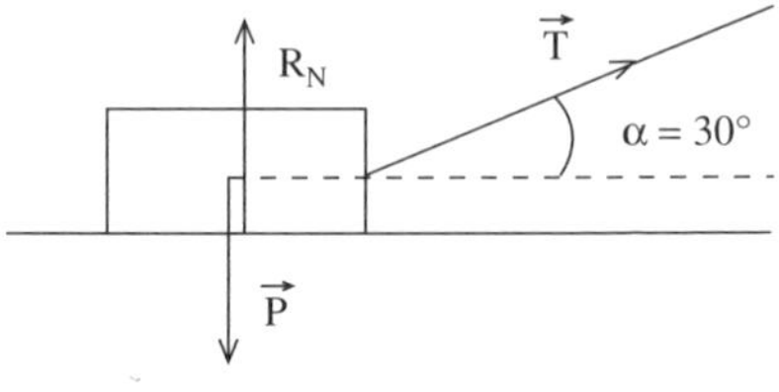

7 **(A)** Le principe fondamental de la dynamique s'écrit, si l'on prend le système de masse m_1, en projection sur l'axe des z descendant : $m_1a_z = m_1g - T_1$. Si l'on prend maintenant comme système la masse m_2 : $m_2a_x = T_2$. Le fil étant inextensible : $a_x = a_z$, et le fil étant idéal : $T_1 = T_2$. D'où : $a_z = m_1g/(m_1 + m_2) = 6\ m.s^{-2}$. Et, finalement : $t = \sqrt{(2h/a)} = \sqrt{1/3}$ s = 0,58 s. Les propositions B, C et D sont fausses : faire attention au facteur ½ qui apparaît lors de l'intégration, et ne pas oublier de prendre la racine carrée du résultat. E est faux : une erreur de signe peut s'être glissée lors du calcul de l'accélération à partir des projections sur les axes.

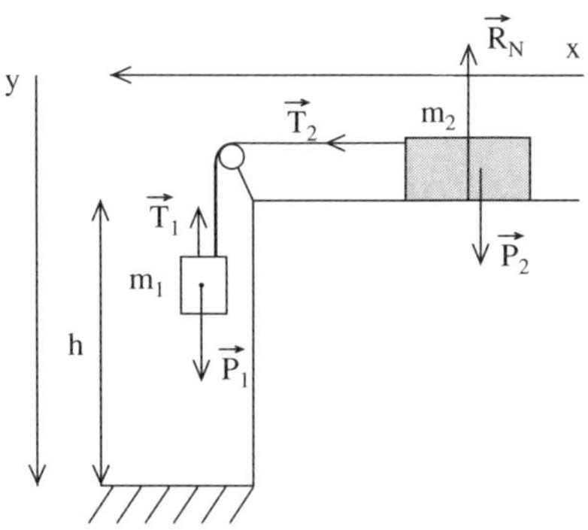

8 **(A)** Nous utilisons le principe d'inertie. Le système de masse m_1 est à l'équilibre : $-m_1g \sin \alpha_1 + T_1 = 0$. Il en est de même pour le système de masse m_2 : $m_2g \sin \alpha_2 - T_2 = 0$. Le fil est idéal : $T_1 = T_2$. Finalement : $\sin \alpha_2 = (m_1/m_2) \sin \alpha_1 = 0{,}32$, d'où : 18,9°. B est faux : des cosinus ont été pris pour les calculs au lieu des sinus, donc le C est faux. D est faux : les angles ne peuvent être égaux, les masses étant différentes. E est faux : $m_2 > m_1$, et tout le poids associé à m_2 contribue au mouvement.

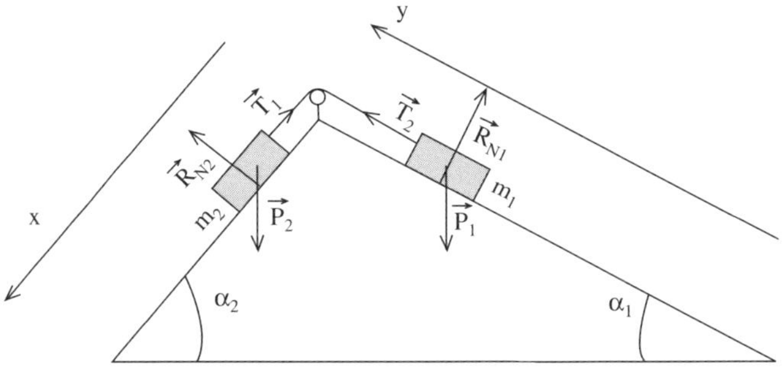

❾ **(E)** Nous écrivons le principe fondamental pour les deux systèmes, les axes sont les mêmes que dans l'exercice précédent : $m_1a_x = -m_1g \sin \alpha_1 + T_1$ et : $m_2a_y = m_2g \sin \alpha_2 - T_2$. Les fils sont idéaux : $T = T_1 = T_2$. Les fils sont inextensibles : $a_x = a_y$. Par soustraction membre à membre on obtient : $T = ½ (m_1 \sin \alpha_1 + m_2 \sin \alpha_2) g/(m_1 + m_2) = 36,4$ N. Faire attention à bien choisir la ligne trigonométrique convenable, et ne pas oublier l'effet de l'accélération : nous sommes dans un cas de dynamique.

❿ **(A)** Par addition membre à membre des équations précédentes : $(m_2g \sin \alpha_2 - m_1g \sin \alpha_1)/(m_1 + m_2) = a_y = 3\ ms^{-2}$. Même conseil : faire attention à la trigonométrie, et aux signes lors des projections et transpositions.

⓫ **(A)** D'après le théorème de l'énergie cinétique appliqué aux deux masses : $½\, m_1v^2 = W^{T1} - m_1gl \sin \alpha_1$ et $½\, m_2v^2 = W^{T2} + m_2gl \sin \alpha_2$. Les vitesses des deux corps et la distance parcourue sont identiques car le fil est inextensible. Comme en plus les fils sont idéaux, les tensions sont égales et, les travaux effectués sont opposés. Par addition membre à membre : $v = \sqrt{2(m_2gl \sin\alpha_2 - m_1gl \sin\alpha_1)/(m_1 + m_2)} = 3\ m.s^{-1}$. A est faux : le travail de la masse m_1 est résistant. B est faux : oubli de la racine carrée. C est faux : inversion entre sinus et cosinus. E est faux : c'est l'oubli de la racine carrée dans le résultat précédent.

⓬ **(A)** Nous utilisons le principe de l'inertie : l'origine des abscisses a été prise au point d'attache du fil. En chaque point de ce fil la tension permet d'en maintenir la cohésion : $P_{S1} + T_{S2\to S1} = 0$. La masse linéique est $\lambda = m/l$. D'où : $T_{S2\to S1} = mg\,(1 - x/l) = 0,013$ N. Toutes les autres propositions sont fausses : attention de bien passer la masse du fil en kilogrammes, et de ne pas oublier g dans les calculs. Dans ce raisonnement ce qui est important c'est de séparer les deux parties du fil en S_1 et S_2, comme ci-dessus.

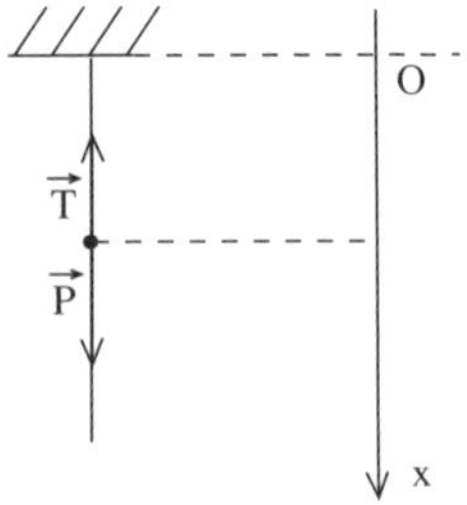

⓭ **(E)** Dans le cas de petits angles : $\omega = \sqrt{g/l}$ et donc $T = 2\pi\sqrt{(l/g)} = 1,09$ s. Toutes les autres propositions sont fausses :

elles comptabilisent des erreurs d'unité (transformer les centimètres en mètres), et diverses inversions dans la formule.

14 **(C)** L'application du théorème de l'énergie cinétique donne : $v^2 = v_o^2 - 2gl\ (1 - \cos\theta)$, et le principe fondamental en base de Frenet, en projection sur **n** : $T(\theta) = m\ (v^2/l + g \cos\theta) = m\ (v_0^2/l + 3\ g \cos\theta - 2\ g) = 0{,}76$ N. Les autres propositions sont fausses : convertir les grammes en kilogrammes, les centimètres en mètres, attention à la projection de la tension sur la normale.

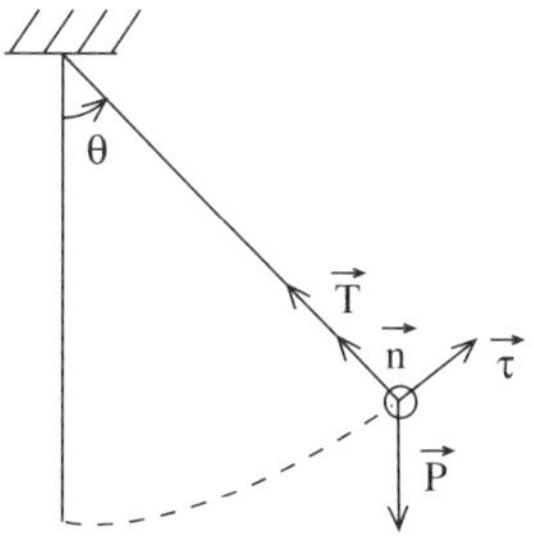

15 **(A)** On a $\omega = \omega = \sqrt{g/l} = 5{,}77$ rad.s^{-1}. L'angle θ vérifie : $\theta(t) = \theta_m \cos(\omega t + \varphi)$. À t = 0 : l'angle est de 15°, soit 0,26 rad, nous pouvons donc écrire : $0{,}26 = \theta_m \cos(\varphi)$ et $-2{,}3 = -\theta_m\ \omega \sin(\varphi)$. D'où : $\tan\varphi = 2{,}3/(5{,}77 \times 0{,}26) = 1{,}53$ d'où $\varphi = 0{,}99$ rad : et donc : $0{,}36/\cos\varphi = \theta_m = 0{,}47$ rad. Soit finalement : $\theta = 0{,}47 \cos(5{,}77t + 0{,}99)$.

16 **(C)** Nous nous plaçons en base de Frenet : $a_n = v^2/l = v_0^2/l - 2\ g\ (1 - \cos\theta) = 3{,}92$ m.s^{-2} et $a_\tau = dv_\tau/dt = -\ g \sin\theta = 2{,}9$ m.s^{-2} et, $a = (a_n^{\ 2} + a_\tau^{\ 2})^{1/2}$. Nous trouvons numériquement : a = 4,9 m.s^{-2}. Les autres réponses sont toutes fausses : elle ne tiennent compte que d'une composante de l'accélération. Il ne faut pas non plus oublier de transformer les centimètres en mètres lors de l'application numérique.

17 **(CD)** Par conservation de l'énergie mécanique : $l\ (1 - \cos\alpha) = l\ (1 - \cos\beta)/2$, soit finalement : $-1 + 2\cos\alpha = \cos\beta$ d'où β = 38,5°. Les réponses A et B sont fausses du fait de l'usage de sinus au lieu de cosinus, lors de l'écriture des énergies potentielles. E est faux : cela aurait été la réponse si le pendule de longueur l n'avait pas été transformé en un autre de longueur l/2 avec la butée.

18 **(B)** D'après le théorème de l'énergie mécanique : $\Delta E_m = W^F$. L'énergie mécanique initialement est : $E_m(M_1) = mgl\ (1 - \cos\alpha)$, la vitesse initiale étant nulle. Au bout du temps imparti : $E_m(M_2) = mgl\ (1 - \cos\beta)$, car arrivé à sa hauteur maximale, sa vitesse s'annule. Nous avons, $Q = \Delta E_m = W^F = mgl\ (\cos\alpha - \cos\beta)$. La puissance dissipée est donc : $P = W^F/\Delta t = 1{,}23.10^{-4}$ W. Tous les autres propositions sont fausses : ne pas oublier de diviser par le temps le travail pour obtenir la puissance, et faire attention à la ligne trigonométrique utilisée.

19 **(A)** En projection sur le vecteur normal de la base de Frenet : $mv^2/r = T \sin \alpha$.

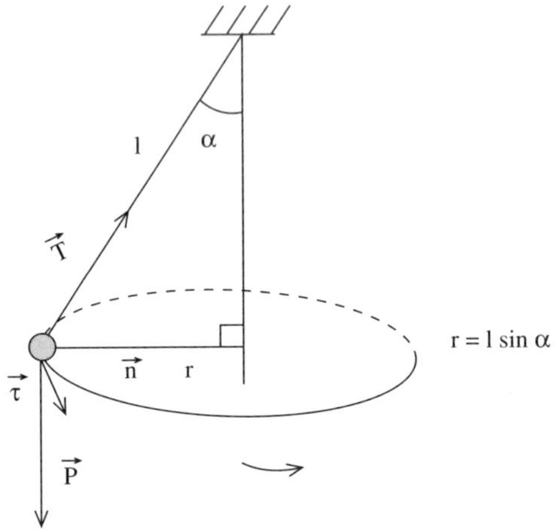

En projection sur l'axe des z, verticale ascendante : $mg = T \cos \alpha$. Le rayon de la trajectoire est $r = l \sin \alpha$, et $v = r\omega$. Finalement : $ml\ \omega^2 = T$, et : $mg = ml\ \omega^2 \cos \alpha$, soit : $\omega = [g/(l \cos \alpha)]^{1/2} = 6{,}2$ rad.s^{-1}. B est faux : prendre la racine carrée. C est faux : ce qui a été utilisé probablement pour obtenir ce résultat est la pulsation du pendule simple. D est faux : il faut prendre le rayon du cercle qui est : $l \sin \alpha$ et non l. E est faux lui aussi : attention aux lignes trigonométriques.

20 **(A)** Nous pouvons écrire cette fois, par projection du principe fondamental de la dynamique sur la normale de la base de Frenet : $ml \sin \alpha\ \omega^2 = (T + T') \sin \alpha$ et sur l'axe des z vertical ascendant : $(T - T') \cos \alpha = mg$. Nous obtenons finalement : $ml\omega^2 = T + T'$, et $mg/\cos \alpha = T - T'$. Soit : $T = \frac{1}{2}(mg/\cos \alpha + ml\omega^2) > 0$, le fil supérieur est donc toujours tendu et $T' = \frac{1}{2}(mg/\cos \alpha - ml\ \omega^2)$. La tension T′ sera positive si $mg/\cos \alpha > ml\ \omega^2$, soit : $\omega > \sqrt{g/(l \cos\alpha)}$.

RÉPONSES

Or, on a : cos $\alpha = d/2l = 0{,}75$. D'où : $\omega > 8{,}16$ rad.s^{-1}. Penser à convertir toutes les unités, pour l'application numérique. La base de Frenet est un outil privilégié pour traiter les mouvements circulaires.

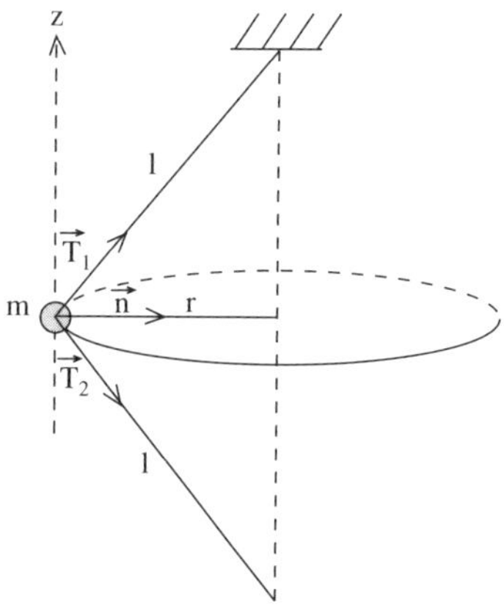

21 **(A)** L'énergie mécanique du système constitué du pendule et de la Terre est : $E_m = ½\ ml^2\ (d\theta/dt)^2 + mgl\ (1 - \cos\theta)\sin\alpha$, $dE_m/dt = ml^2\theta'' + mgl\theta' \sin\theta \sin\alpha = 0$, d'où, pour les petits angles : $\theta'' + g/(l \sin\alpha)\ \theta = 0$. La pulsation du mouvement est

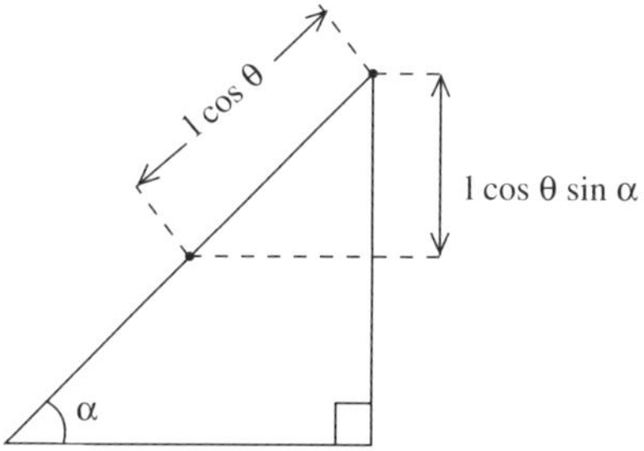

donc : $\omega = \sqrt{g/(l \sin\alpha)}$. Les erreurs sont ici reliées à un mauvais choix de la ligne trigonométrique (sinus au lieu de cosinus), l'oubli de la racine carrée, et la conversion des centimètres en mètres.

22 **(A)** $\Delta E_m = W^F$, soit : $mgl\ (\cos\theta_1 - \cos\theta_2)\sin\alpha = W^f$ et $P = [mgl\ (\cos\theta_1 - \cos\theta_2)\sin\alpha]/\Delta t = 2{,}4.10^{-5}$ W. Ne pas oublier de comptabiliser la durée Δt pour passer de l'énergie à la puissance. Les conversions dans les unités de base du système international sont de rigueur.

23 **(BC)** Nous avons d'après le principe fondamental, en projection sur le vecteur normal de la base de Frenet : $mv^2/R = -R_n + mg\cos\theta$, soit $R_n = -mv^2/R + mg\cos\theta$. Quand la voiture quitte la butte : $R_n = 0$, soit encore : $v^2 = gR\cos\theta$. La plus petite valeur de $\cos\theta$ est obtenue pour l'angle α. Nous avons finalement : $v = \sqrt{(gR \cos\alpha)} = 9{,}52\ m.s^{-1}$. Effectivement la fonction cosinus est décroissante sur $[0, \pi/2]$.

24 **(BC)** Par application du principe fondamental sur le vecteur normal de la base de Frenet : $mv^2/R = -mg\cos\theta + R_n$, avec $v^2 = v_0^2 - 2gR(1 - \cos\theta)$ quand le chariot quitte la piste, la réaction s'annule : $R_n = m(v_0^2/R + 3g\cos\theta - 2g) = 0$, soit : $2/(3g) - v_0^2/(3gR) = \cos\theta = 0{,}63$, soit environ 50,45°.

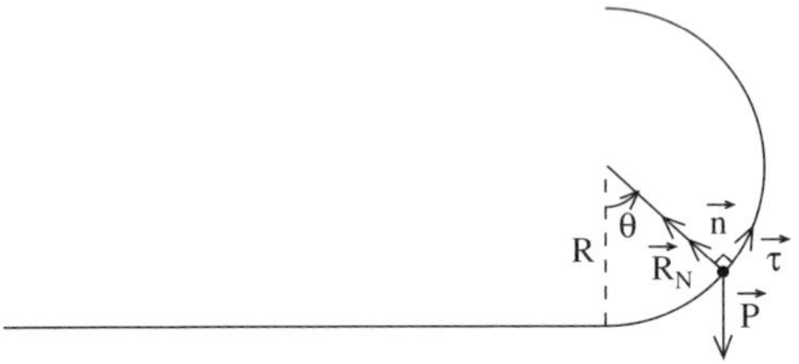

25 **(D)** On a dans ce cas, en projection sur la normale : $m(l_o + \Delta l)\omega^2 = k\Delta l$, soit : $m\omega^2 l_o/(k - m\omega^2) = \Delta l = 3{,}6$ cm. Attention aux conversions des centimètres en mètres, des grammes en kilogramme. De plus, la longueur du ressort est bien $l_0 + \Delta l$, et non seulement l_0.

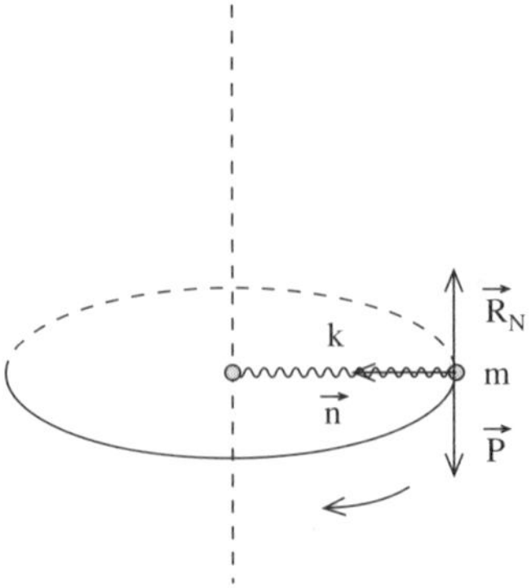

26 **(D)** Le principe fondamental de la dynamique donne : $ma_x = -k_1(l_e - l_0 + x) + k_2(l_e - l_0 - x) = m\,d^2x/dt^2$, d'après la relation à l'équilibre : $-k_1(l_e - l_0) + k_2(l_e - l_0) = 0$, d'où l'équation différentielle : $[(k_1 + k_2)/m]\, x + d^2x/dt^2$, soit :

$\omega = \sqrt{(k_1 + k_2)/m}$ et $T = \dfrac{2\pi}{\omega} = 0{,}23$ s.

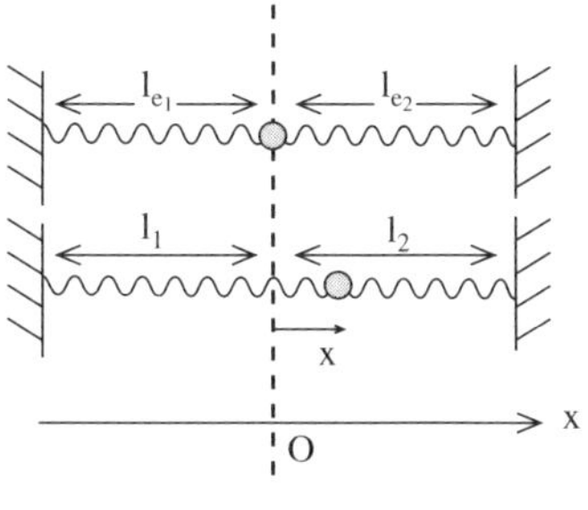

Les erreurs proviennent principalement de l'absence de conversion de la masse en kilogramme, et à des erreurs de mémorisation de la relation entre la période et la pulsation. En ce qui concerne la démonstration, bien faire attention aux allongements.

27 **(DE)** D'après le principe fondamental en projection sur le vecteur n de la base de Frenet : $mv^2/R = -\,mg \cos\theta + R_n$, et d'après le théorème de l'énergie cinétique : $v^2 = 2gR\,(1 - \cos\theta)$, soit : $R_n = 3mg\cos\theta - 2mg = 0$ quand le mobile quitte la sphère. D'où : $\cos\theta = 2/3$, ou $\theta = 48{,}2°$. Le résultat est indépendant du rayon.

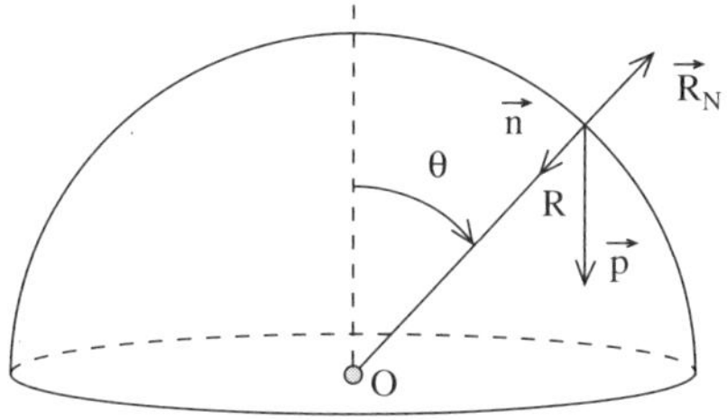

28 **(A)** D'après le théorème de l'énergie mécanique appliqué au système constitué par le palet et la Terre : $\Delta E_m = W^f$, d'où : $mgL \sin (- ½\, mv_0^2 = -\,fL$, soit : $f = mv_0^2/2L - mg \sin\alpha = 23{,}7$ N. Toutes les autres réponses sont fausses : bien comptabiliser L, qui intervient dans l'expression du travail. De plus, le travail de la force de frottement comme celui du poids, sont résistants.

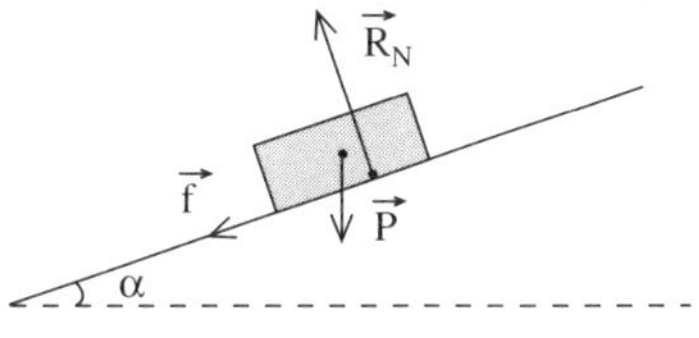

29 **(B)** Nous utilisons la conservation de l'énergie mécanique. La référence d'énergie potentielle élastique est prise en A, en haut du plan incliné. Celle d'énergie potentielle élastique quand le ressort est détendu. E_{pp} (A) = 0, E_{pe} (A) = 0, E_c (A) = 0, de même quand le ressort est contracté : E_{pp} (C) = $-\,mg\,(l + d) \sin\alpha$, E_{pe} (C) = $½\, kd^2$, E_c (C) = 0. D'où : $k = 2mg\,(l + d) \sin\alpha/d^2 = 94{,}4\ N.m^{-1}$. Il ne faut pas oublier la distance supplémentaire parcourue par le mobile lors du calcul de l'énergie potentielle de pesanteur, de même que pour le calcul de cette énergie, la détermination de la hauteur par une ligne trigonométrique.

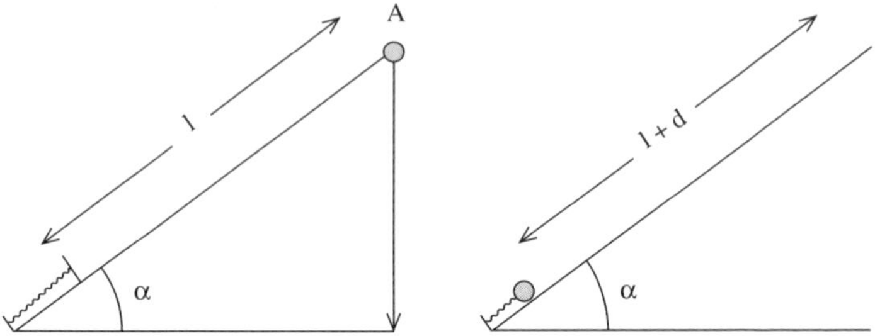

30 **(E)** Par conservation de l'énergie mécanique appliqué au système constitué par le ressort et la bille : $\frac{1}{2} kx_A^2 = \frac{1}{2} kx_B^2 + \frac{1}{2} mv^2$, soit finalement : $v = [k (x_A^2 - x_B^2)/m]^{1/2} = 2{,}7 \text{ m.s}^{-1}$. Nous n'avons pas besoin de la longueur à vide du ressort dans ce calcul.

31 **(E)** Nous écrivons cette fois, d'après le théorème de l'énergie mécanique : $\frac{1}{2} kd^2 - mg (l + d) \sin \alpha = - fl$, soit : $f = [- \frac{1}{2} kd^2 + mg (l + d) \sin \alpha]/l = 0{,}10$ N. Comme pour l'exercice précédent, ne pas oublier que pour trouver la hauteur, il faut projeter la longueur l du plan sur la verticale. Ne pas oublier d, dans l'expression de l'énergie potentielle de pesanteur !

32 **(AE)** Le B est faux : ils arrivent au même instant sur le sol ($m\vec{a} = m\vec{g} \Leftrightarrow \vec{a} = \vec{g}$ et ceci, quelque soit la masse des deux corps). Le C est faux : dans un champs de gravitation uniforme, il n'existe que des trajectoires paraboliques ou rectilignes. Le E est évidemment faux : la gravitation et la force électromagnétique sont deux forces fondamentales distinctes.

33 **(A)** Il nous faut utiliser le principe fondamental de la dynamique pour d'abord déterminer l'équation de la trajectoire : $m\vec{a} = m\vec{g}$, soit : $a_x = 0$, $a_y = - g$. On intègre deux fois, afin d'obtenir la position. Nous avons fina-

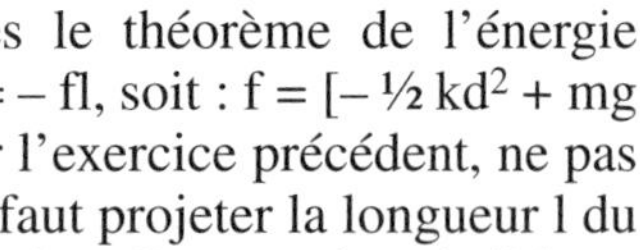

lement : $x = v_0\, t \cos \alpha$ et : $y = -\tfrac{1}{2} gt^2 + v_0 t \sin \alpha$. Quand le mobile touche le sol : $y = 0$, d'où : $t = 2v_0 \sin \alpha/g$ et $x = 2v_0^2 \cos \alpha \sin \alpha/g = v_0^2 \sin 2\alpha/g = 32{,}4$ m.

34 **(D)** La position du maximum de la parabole est obtenu pour $x_m = x_P/2 = 16{,}2$ m. L'équation cartésienne de la parabole est : $y = -\,gx^2/(2v_0^2 \cos^2 \alpha) + x \tan \alpha$, d'où : $y_m = y\,(x_m) = 4{,}12$ m.

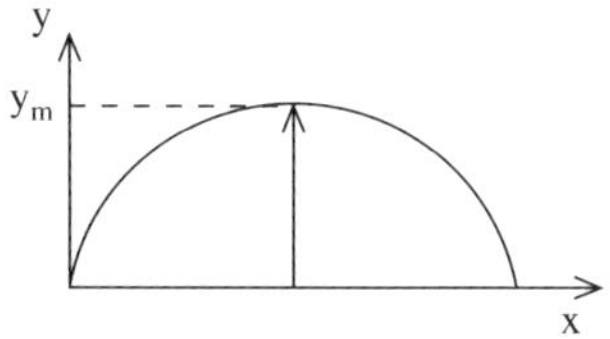

35 **(B)** La portée maximale est obtenue pour la bonne valeur de α dans : $x = v_0^2 \sin 2\alpha/g$. Le sinus est maximal pour $2\alpha = \pi/2$, soit : $\alpha = \pi/4$.

36 **(B)** Il y a conservation de l'énergie mécanique quand le corps à la surface de la planète s'en éloigne indéfiniment : $\tfrac{1}{2} mv_l^2 - GMm/R = 0$, soit : $v_l = \sqrt{2}\, GM/R = 5\,580$ m.s^{-1}. Les autres réponses sont fausses : le rayon de la planète doit être converti en mètres, il ne pas oublier le facteur 2 qui vient de l'énergie cinétique du corps et enfin de passer à la racine carrée !

37 **(A)** La trajectoire étant circulaire, par application du principe fondamental de la dynamique sur la normale de la base de Frenet : $mv^2/r = GMm/r^2$, soit : $v = \sqrt{(GM/r)} = 2\,331$ m.s^{-1}. Il faut ici faire attention aux unités : la masse en kilogrammes, les distances en mètres.

38 **(C)** Nous écrivons l'égalité des champs de gravitation en ce point : $GM_T/x^2 = GM_L/(r - x)^2$. Nous avons finalement : $x = r/\left[1 + \sqrt{(M_L/M_T)}\right] = 345\,647$ km, qui est la seule solution contenue dans le segment reliant la Terre à la Lune. Il convient ici de ne pas oublier les carrés des distances apparaissant dans les expressions des forces. Le point d'équigravité ne se trouve pas à mi-distance du fait de la différence des masses de la Terre et de la Lune.

39 **(D)** Nous utilisons le théorème de l'énergie mécanique, appliqué au système satellite-Terre : $\Delta E_m = W^F$. Soit, ici : $\tfrac{1}{2} mv^2 - GMm/(R + h) + GMm/R = W^F$. La vitesse est $v = \sqrt{[GM/(R + h)]}$, d'après le raisonnement de la question **37**, soit finalement : WF = – ½ GMm/(R + h) + GMm/R = $3{,}45.10^{10}$ J. Il est nécessaire de convertir la masse qui est donnée en tonne en kilogrammes, et les kilomètres en mètres. Attention aux signes : l'énergie potentielle d'interaction gravitationnelle est négative quand sa référence a été prise à l'infini.

40 **(A)** On a : $F = G\ M_S\ M_T/r^2 = 3{,}42.10^{22}$ kg. La force de gravitation n'est pas inversement proportionnelle à la distance (comme dans le B ou C). Il faut convertir les kilomètres en mètres. Laisser la masse en kilogrammes qui est l'unité de base du système international.

41 **(AE)** Par conservation de la quantité de mouvement : $\vec{p} + \vec{P} = \vec{p}'$. Soit en projection sur un axe selon la direction du mouvement : mv + MV = (m + M) v′, soit : v′ = (mv + MV)/(M + m) = 1,75 $m.s^{-1}$.

42 **(A)** Par conservation de la quantité de mouvement : $\vec{p} + \vec{P} = \vec{0}$, en appelant V la vitesse de recul du canon : MV = mv, d'où : V = mv/M = 5,83 $m.s^{-1}$. Les autres propositions correspondent à des erreurs de conversion des $km.h^{-1}$ en $m.s^{-1}$, ainsi que des inversions lors de la transposition.

43 **(D)** Par conservation de la quantité de mouvement, en projection sur l'axe des x : $mv = mv' \cos\alpha + mv'' \cos\alpha' = 2mv' \cos\alpha$, car la choc est symétrique. Le choc est parfaitement élastique, donc il y a conservation de l'énergie cinétique : $v^2 = v'^2 + v''^2$, donc : $v' = v/\sqrt{2}$. On trouve $\cos\alpha = \sqrt{2}/2$, et $\alpha = \pi/4$.

44 **(C)** Nous utilisons la principe fondamental de la dynamique qui relie simplement la variation de quantité de mouvement à la force : $\Delta\vec{p}/\Delta t = \vec{F}$. La bille est renvoyée avec la même vitesse en sens opposé, la variation de quantité de mouvement est donc : $\Delta p = 2mv = 5{,}55\ kg.m.s^{-1}$ et $F = \Delta p/\Delta t = 2\ 777{,}7$ N.

45 **(ABD)** Il suffit de diviser la force obtenue précédemment par la surface d'impact : P = F/S = $5{,}5.10^8$ Pa = $5{,}5.10^3$ atm = $4{,}2.10^5$ cmHg. Donc, C et E sont faux.

Mécanique des fluides

UN COMMENTAIRE POUR COMPRENDRE

46 **(ABC)** Comme pour tout système matériel, la condition d'équilibre est donnée par le principe d'inertie, qui dit que chaque élément de fluide est en équilibre du point de vue dynamique quand elle est soit au repos, soit animée d'un mouvement rectiligne et uniforme dans le référentiel donné. Donc, A est vrai. Les propositions B et C sont vraies elles aussi. La réponse D est inexacte : la poussée d'Archimède s'exerce au centre de poussée qui est le centre de gravité du volume immergé, et non au centre de gravité du système dans son intégralité. E est faux lui aussi, car de façon générale le fluide est visqueux, ce qui signifie justement qu'il existe des forces de frottements entre les différentes couches le constituant.

47 **(ABDE)** A est vrai, c'est la définition de la pression. La proposition B est exacte elle aussi, pour tout fluide incompressible (c'est-à-dire pas pour les gaz).

48 **(AC)** A est vrai : l'état superfluide se produisant en effet, ce qui peut paraître paradoxal pour le sens commun, à de très basses températures (il en est de même de la supraconductivité). Seuls les liquides sont incompressibles : B est faux. La réponse C est vraie, le volume étant invariant du fait de l'incompressibilité et la masse aussi. La chaleur n'est pas essentiellement un transport de matière, mais un transport d'énergie se produisant au niveau microscopique : D est faux. Enfin, les molécules des fluides peuvent glisser les unes par rapport aux autres, donc, E est faux.

49 **(B)** Par application du principe d'inertie : $\vec{p} + \vec{F}_a = \vec{0}$. D'où : $-\rho V g + \rho_f V_i g = 0$, soit : $V_i = a^2 h = a^3 (\rho/\rho_f)$, et finalement : $h = a (\rho/\rho_f) =$ 3,7 cm. A est faux : le corps ne peut être totalement immergé, il aurait fallu que la masse volumique du corps fluide soit plus forte. D est faux : l'équilibre établi est relié à deux forces de sens opposé (le poids et la poussée d'Archimède) : il y a besoin d'une immersion non nulle pour que le poids soit compensé. La réponse C correspond à une erreur de calcul.

50 **(E)** D'après le théorème de Pascal, la variation de pression qui est appliquée au niveau du premier piston s'est transmise au niveau du second piston. Donc, F/s = F′/S, s et S étant les sections des deux pistons. Nous avons finalement : $F' = FS/s = F (D^2/d^2) = 1\,800$ N. Les autres sont des erreurs de calcul (carrés reliés au surfaces et inversions).

51 **(CD)** Nous utilisons la forme mathématique du théorème de Pascal : $p_2 - p_1 = \rho g\ (z_1 - z_2)$. D'où : $p_2 - p_1 = 10 \times 1\,300 \times 50 = 6{,}5 \times 10^5$ Pa = 6,5 atm. La réponse B est fausse : il ne faut pas omettre la conversion de la masse volumique en $kg.m^{-3}$. E est faux : il est impossible que la pression, à une certaine profondeur, soit égale à la pression atmosphérique et ceci, du fait du poids de l'eau. Nous rappelons que 76 centimètres de mercure valent 10^5 Pa.

52 **(A)** Nous commençons par déterminer les hauteurs initiales de mercure dans les deux vases communicants. Nous avons : $h_1 = V_1/S_1 = 20$ cm et $h_2 = V_2/S_2 = 10$ cm. D'après la loi de Pascal, une fois le robinet ouvert, les deux surfaces des liquides vont se retrouver au même niveau, du fait de l'égalité des pressions. Le mercure étant un liquide incompressible, le volume déplacé d'un vase se retrouve dans l'autre vase. Donc : $S_1 z_1 = S_2\ z_2$. Nous pouvons écrire aussi : $z_1 + z_2 = h_2 - h_1$. D'où, un système de deux équations à deux inconnues, qui amène à : $z_1 = S_2\ (h_2 - h_1)/(S_1 + S_2) = 1{,}66$ cm et : $z_2 = S_1\ (h_2 - h_1)/(S_1 + S_2) = 8{,}33$ cm.
Les autres réponses sont fausses : ils correspondent tous à des erreurs de calculs ou à des raisonnements incomplets.

53 **(B)** La loi de pression donne : $p = \rho g\ (h - z)$. La résultante des forces s'obtient donc par sommation de forces élémentaires s'exerçant sur les éléments de surface de la retenue.
On peut donc écrire : $dF = pldz = \rho g\ (h - z)\ l\ dz$. Soit par intégration : $\int_0^h \rho g\ (h - z)\ l\ dz = [\rho g\ (hz - ½\ z^2)\ l]_0^h = \rho g\ (h^2 - ½\ h^2)\ l = ½\ \rho g l\ h^2 = 2{,}75.10^9$ N.

54 **(ACE)** Sur une tranche infinitésimale d'altitude dz, selon la verticale ascendante, nous pouvons écrire : $dp/dz = -\ \rho g$. En considérant l'air comme un gaz parfait : $pdV = dn\ RT$, soit : $pdV = dm\ RT/M$ soit encore : $p = \rho RT$, ou : $\rho = p/RT$. En utilisant le résultat précédent : $dp/p = -\ Mg/RTdz$ et par intégration, comme la tranche d'atmosphère est isotherme : $\ln p = -\ (Mg/RT)\ z + cste$, ou encore : $p = Ke^{-Mgz/RT}$. Comme pour $z = 0$, $p = p_0$, on peut écrire :

$p = p_0 e^{-Mgz/RT} = 0{,}02$ atm = 5 000 Pa. B est faux : la pression à cette altitude a forcément diminué, la couche d'atmosphère au-dessus du point de calcul étant moindre qu'au sol. D est faux : attention 1 atm = 1 bar = 10^5 Pa.

55 **(A)** Nous aurons donc : $p/p_0 = 1/e = e^{-Mgz/RT}$, soit $RT/Mgz = 1$ et $z = RT/Mg = 8\,577$ m.
Toutes les autres réponses sont fausses : il ne faut pas oublier que M doit être en $kg.mol^{-1}$, z en mètres, et T en kelvin. L'usage des unités du système international est de rigueur.

56 **(C)** Nous utilisons le théorème de Bernoulli, entre les points A, environ à la surface de l'eau du lac, et le point B d'où est éjecté l'eau. Nous avons : $\delta W = dV\,[½\,\rho v^2 + \rho gz + p]_A{}^B$. Soit la puissance : $P = \delta W/dt = dV/dt\,[½\,\rho v^2 + \rho gz + p]_A{}^B = d_v\,[½\,\rho v_B{}^2 + \rho g\,(z_B - z_A)]$ = 3,84 kW. Penser à convertir les $L.s^{-1}$ en $m^3.s^{-1}$.

57 **(B)** Nous utilisons le théorème de Bernoulli. Poser un point A à la surface du liquide et un point B à la sortie du robinet.
Nous pouvons donc écrire : $P_1 + ½\,\rho v_1{}^2 + \rho gz_1 = P_2 + ½\,\rho v_2{}^2 + \rho gz_2$.
Or, $P_1 = P_2 = P_0$. Soit finalement : $v = \sqrt{(2gh)} = 2{,}23\ m.s^{-1}$. Les autres réponses, qui sont fausses, tiennent compte de l'oubli du passage à la racine, du facteur 2, ou, d'unité (convertir h en mètres).

58 **(D)** Le volume d'eau qui s'est écoulé pendant un intervalle de temps élémentaire dt est : $dV = v dt \pi r^2$. Or, $\pi R^2 dh = -\ dV$, soit : $dh = -\ v\,(r^2/R^2)\,dt = -\ (\sqrt{h})\,(r^2/R^2)\,\sqrt{(2g)}\,dt$. Par intégration entre 0 et t, alors que la hauteur passe de h à h_0, on trouve : $h = h_0\,[1 - t\,(r^2/R^2)\,\sqrt{(g/2h_0)}\,]$. A l'instant final, h = 0, d'où : $1 - t\,(r^2/R^2)\,\sqrt{(g/2h_0)} = 0$, soit $t = (R^2/r^2)\,\sqrt{(2h_0/g)} = 140$ s.

59 **(A)** Nous avons la formule de Stockes, en module : $F = 6\pi\eta rv$, d'où : $[\eta] = [F]/(L^2T^{-1})$, la dimension de la force est donnée par le principe fondamental : F = ma, soit $[F] = MLT^{-2}$.
Finalement : $[\eta] = ML^{-1}\,T^{-1}$. Les autres réponses sont fausses : erreur de transposition ou de mémorisation de la formule.

60 **(C)** Nous pouvons écrire, une fois que la vitesse limite est atteinte, d'après le principe d'inertie : $\vec{f} + \vec{P} = \vec{0}$. Soit en projection sur un axe vertical descendant : $-6\pi r\eta\, v_l + 4\, \pi r^3 \rho g/3 = 0$, soit encore : $\eta = 4r^2\rho g/(18v_l) = 0{,}08$ Poiseuille. Il convient ici de penser à convertir la masse volumique en $g.cm^{-3}$ en $kg.m^{-3}$, et les millimètres en mètres. C'est ce mouvement rectiligne et uniforme qui impose l'usage du principe d'inertie.

61 **(C)** D'après le principe fondamental de la dynamique, nous avons : $m\vec{a} = \vec{P} + \vec{f}$. Soit, en projection sur la verticale descendante : $m\, dv_z/dt = mg - 6\pi\eta r v_z$. D'où l'équation différentielle : $dv_z/dt + (6\pi r\eta/m)\, v_z = g$. Soit $dv_z/dt + v_z/\tau = g$, avec $\tau = m/6\pi rn$. Sur la courbe nous lisons grâce à la méthode de la tangente : $\tau = m/6\pi r\eta = 0{,}1$ s. Finalement : $\eta = 0{,}026$ P. Outre les unités auxquelles il faut faire attention, remarquons que ce que nous lisons sur l'axe temporel par application de la méthode de la tangente est bien $\tau = m/6\pi r\eta$ et non le coefficient de v_z dans l'équation différentielle précédente.

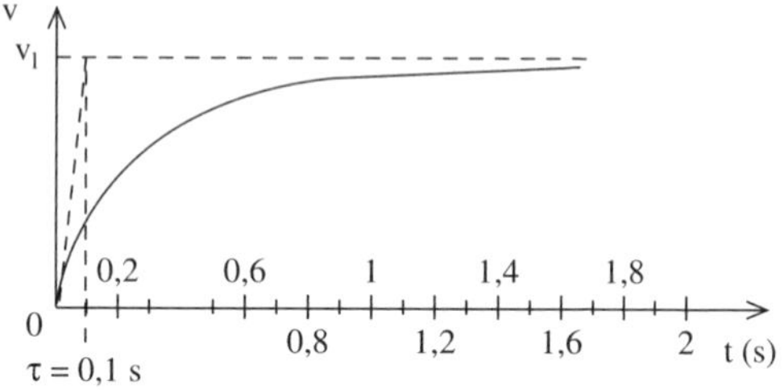

62 **(E)** À la sortie de l'embout, l'énergie potentielle est nulle, en haut du jet c'est l'énergie cinétique qui est nulle. Nous pouvons donc écrire, par application du théorème de Bernoulli : $P_0 + ½\, \rho v^2 = P_0 + \rho g h$, P_0 étant la pression atmosphérique, donc : $h = v^2/2\, g$. Le débit volumique nous permet de déterminer la vitesse du fluide : $vS = d_v$, soit : $v = d_v/\pi r^2 = 16{,}44\ m.s^{-1}$. Finalement $h = v^2/2\, g = 13{,}5$ m. Il ne faut pas oublier ici de convertir le débit en m^3/s.

63 **(D)** Nous écrivons encore une fois la relation de Bernoulli, A étant un point de la surface du liquide, dont la vitesse est pratiquement nulle : $P_0 + \rho g z_A = ½\, \rho v^2 + \rho g z_B + P_0$, soit encore : $P_0 - P_0 + \rho g h = ½\, \rho v^2$, $h = z_A - z_B$. Nous pouvons écrire : $v = (2gh)^{½} = 2{,}23\ m.s^{-1}$.

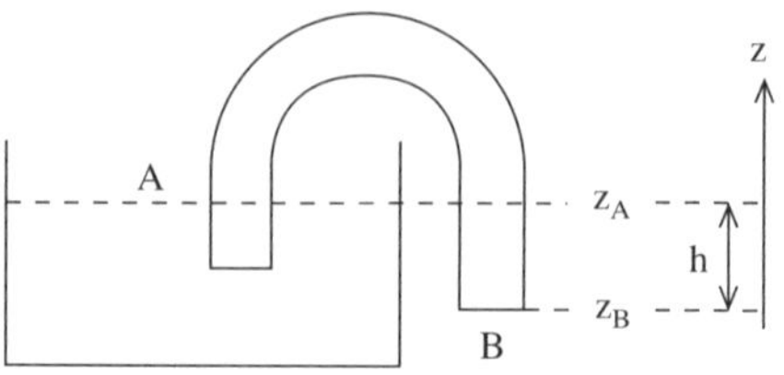

Tension superficielle et capillarité

UN COMMENTAIRE POUR COMPRENDRE

64 **(ABC)** D est faux : en effet, la surface avec laquelle la goutte est en contact n'est pas mouillée, et c'est justement parce que l'angle de mouillage est important !
E est faux lui aussi, ce qui est énoncé ici est en contradiction avec la loi de Jurin : $h = 2\gamma \cos \theta/\rho gr$.

65 **(A)** La pellicule sphérique de la bulle de savon est en équilibre sous l'action des forces de pression interne et externe, ainsi que des forces de tension superficielle. Nous pouvons donc écrire : $(p_{int} - p_{ext})$ $dV - \gamma dA = 0$, A étant l'aire de la surface sphérique constituée d'une double couche considérée : $A = 2 \times 4\pi R^2$, soit $dA = 16\pi R\ dR$, et de même $dV = 4\pi R^2\ dR$. Finalement : $p_{int} - p_{ext} = \Delta p = 4\gamma/R$. Nous trouvons ici $\Delta p = 24$ Pa. B est faux : il faut convertir les millinewtons par mètre en newtons, de même que dans le D. L'oubli du facteur 2, dû à la double couche de la bulle de savon peut se retrouver dans le C et le D. Dans le E, il y a en plus une erreur sur l'expression de la surface d'une sphère.

66 **(E)** Cette fois-ci il n'y a qu'une seule couche superficielle. De la même façon cette goutte est en équilibre sous l'action des forces de pression et de la tension superficielle, nous pouvons écrire : $(p_{int} - p_{ext})\ dV - \gamma dA = 0$, avec $dA = 8 \times \pi R\ dR$ et $dV = 4\pi R^2\ dR$, d'où : $p_{int} - p_{ext} = \Delta p = 2\gamma/R$. On trouve numériquement : $\Delta p =$ 584 Pa. A est faux : la tension superficielle est responsable de la formation de la bulle, qui ne pourrait exister sans pression différentielle. B est faux : γ est donné en millinewton par mètre. Dans le C et le D, le facteur 2, dû à la différenciation de l'aire de la sphère et de son volume ont été oublié. Il y a en plus dans le D, une erreur de conversion des millimètres ou des millinewtons.

67 **(E)** Cette fois nous appliquons la loi de Jurin qui tient compte de l'équilibre du fluide sous l'action de la tension superficielle et de son poids. Elle s'écrit donc : $h = 2\ \gamma \cos \theta/\rho gr$. Ici le liquide est parfaitement mouillant : $\cos \theta = 1 (\theta = 0)$. D'où : $\gamma = \rho grh/2$. Soit :

$\gamma = 161$ mN.m^{-1}. A est faux : la tension superficielle est responsable de la montée capillaire. Les autres réponses sont toutes fausses, et sont des erreurs de conversion d'unité : comme dans le C et dans le D, ou encore l'oubli du facteur ½ comme dans le C et le E.

68 **(A)** La bille métallique est en équilibre sous l'action de trois forces, son poids : $\vec{P} = -4\rho_m g\pi R^3/3\ \vec{u}_z$, la poussée d'Archimède : $\vec{P}_a = 2\rho_e g\pi R^3/3\ \vec{u}_z$ et enfin la force de tension superficielle qui explique cette flottaison : $\vec{T}_s = 2\gamma\pi R\vec{u}$. D'où, finalement : $-4\rho_m g\pi R^3/3 + 2\rho_e g\pi R^3/3 + 2\gamma\pi R = 0$, soit $R = 3\gamma/[g(2\rho_m - \rho_e)] = 1{,}21$ mm. Ces erreurs sont générées par l'oubli de g dans les calculs, l'oubli de la conversion des millinewtons en newton.

69 **(D)** On utilise la loi : $\Delta p = 2\gamma/R = 146$ N. Les autres réponses sont toutes fausses : il faut convertir les millimètres en mètres, les millinewtons en newtons, et ne pas oublier le facteur 2 qui apparaît dans la loi de Laplace.

70 **(A)** On a la loi de Jurin : $h = 2\gamma\cos\theta/\rho g r$, soit : $\gamma = h\rho g r/(2\cos\theta)$. Donc, numériquement : $\gamma = 74{,}4$ mN.m^{-1}. De même que dans la question précédente, il faut faire attention au unités.

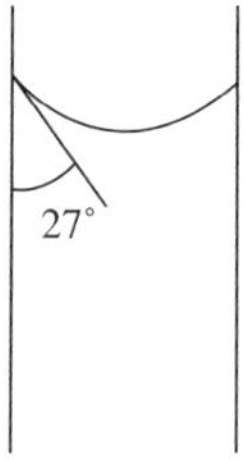

71 **(A)** Nous avons ici : $F = \gamma\pi r\sin\theta = 3{,}5.10^{-4}$ N, la force de tension superficielle étant tangente à la courbe, la résultante est verticale et dirigée vers le haut. De plus, il n'y a qu'une demi circonférence de contact entre l'objet et l'eau.

72 **(A)** Juste avant l'arrachement de l'anneau : $\vec{F}_a + \vec{P} + \vec{F} = \vec{0}$. En projection sur l'axe des z, vertical ascendant : $F_a - mg - 2(\gamma 2\pi R) = 0$. Il ne faut pas oublier que les parois internes et externes de l'anneau sont à comptabiliser dans ce calcul de la force de tension superficielle.

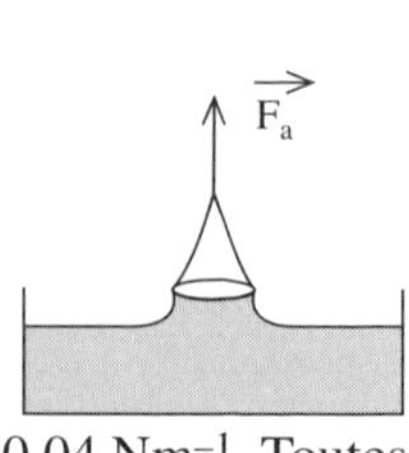

Nous obtenons finalement : $\gamma = (F_a - mg)/4\pi R = 0{,}04$ Nm^{-1}. Toutes les autres propositions sont fausses. Il ne faut pas omettre le facteur 2, convertir les millinewtons en Newtons, le rayon en mètres, la masse en kilogrammes.

73 **(ACE)** Quelques instants juste avant le détachement de la goutte : $\vec{P} + \vec{F} = \vec{0}$, soit : $-$ mg + $\gamma 2\pi r = 0$, en projection selon l'axe des z, vertical ascendant. D'où, finalement : $\gamma = mg/(2\pi r) = 0{,}079$ Nm^{-1}. Les réponses B et D sont fausses : les millimètres doivent être convertis en mètres, les microgrammes en kilogrammes.

74 **(C)** Il suffit d'utiliser la loi : $\delta W = \gamma\, dA = 9{,}5.10^{-6}$ J où $dA = 1{,}3$ cm^2 est la variation de l'aire de la surface considérée. D'après cette formule, l'énergie varie proportionnellement à l'aire de la surface : le E est faux. D utilise cette fausse dépendance. Les autres réponses sont des erreurs d'unités : l'aire doit être convertie en m^2, la tension superficielle en $N.m^{-1}$.

Thermodynamique

UN COMMENTAIRE POUR COMPRENDRE

75 **(BD)** A est faux : la chaleur est un transfert d'énergie au niveau microscopique, tandis que la température tient en compte de l'agitation thermique du système étudié : ces deux concepts sont donc fondamentalement différents. C est faux, il correspond à la notion de travail. E est faux, car lors d'une transition de phase, la température reste identique.

76 **(C)** On aura ici : $Q = m_g c_g\ (0 + 10) + m_g L = 7{,}02.10^4$ J. La réponse A est fausse : elle correspond au cas où aucune élévation de température n'est nécessaire pour amener la glace à 0 °C, ce qui n'est pas envisagé ici. Les autres réponses sont fausse, à cause d'erreurs d'unités : convertir la masse en kilogrammes et la chaleur latente en $J.kg^{-1}$.

77 **(E)** Il faut émettre une hypothèse sur l'état final. Si l'on suppose que la température finale est égale à 0 °C et que toute la masse est fondue, on a : $Q = m_g c_g\ (12{,}5) + m_g L + m_e c_e\ (-\ 10{,}2) = 1{,}52.10^5\ J > 0$. Ce n'est donc pas la bonne hypothèse. Donc, une partie de la glace a fondu, ou alors tout est solide. Si l'on suppose qu'à 0 °C, la glace n'a pas fondu, on trouve $Q = -\ 1{,}50.10^4$ J. Donc, finalement une partie de la glace a fondu.

78 **(D)** Nous avons, d'après le premier principe de la thermodynamique : $\Delta U = nC_V\Delta T$. D'après la relation de Mayer : $C_P - C_V = R$. D'où : $C_V = R/(\gamma - 1) = 20{,}8\ J.mol^{-1}.°C^{-1}$. Nous avons $n = m/M = 2/32 = 0{,}0624$ mol. Finalement : $\Delta U = 39$ J.

79 **(BD)** On écrit la loi des gaz parfaits pour les deux états : $PV_1 = nRT_1$ et $PV_2 = nRT_2$. Soit : $(V_2/V_1)\ T_1 = T_2 = 80$ °C = 353 K. Toutes les autres propositions sont fausses, du fait d'inversions lors des transpositions, ou des unités. On rappelle que T (K) = θ (°C) + 273.

80 **(AE)** Pour toute compression adiabatique réversible nous avons : $pV^\gamma = Cste$. Soit ici : $p_0\ V_0{}^\gamma = p\ V^\gamma$. D'où $p = p_0\ (V_0/V)^\gamma = 2{,}41$ atm.

81 **(D)** Nous avons, d'après le premier principe de la thermodynamique, étant donné que la transformation est adiabatique : $\Delta U = W$. Or, $pV^\gamma = cste = C = p_0V_0{}^\gamma$, soit : $p = C\ V^{-\gamma}$. Le travail est : $W = \int_{v0}^{v} - pdV = -C\int_{v0}^{v} V^{-\gamma} dV = [CV^{1-\gamma} - CV_0{}^{1-\gamma}]/(\gamma - 1) = (pV - p_0V_0)/(\gamma - 1) = 1\,070$ J.

RÉPONSES

82 **(AC)** Il y a équilibre thermique : $mC_1 (T_f - T_1) + mC_2 (T_f - T_2) = 0$. D'où finalement : $T_f = (C_1T_1 + C_2T_2)/(C_1 + C_2) = 24{,}4$ °C = 297,4 K. B est faux : la température à l'équilibre n'est pas la moyenne des deux températures initiales du fait que les capacités calorifiques ne sont pas égales. D est faux aussi : c'est le résultat du B en Kelvins. Enfin, le E est faux : la température finale ne peut être égale à la température T_2, et ceci du fait que la capacité calorifique du deuxième corps n'est pas assez importante devant celle du premier pour qu'il puisse servir de thermostat.

83 **(E)** Le volume du corps restant constant, on a : dU = TdS = CdT. Soit : dS = CdT/T et, $\Delta S_i = C \ln (T_f/T_i)$. Soit : $\Delta S_1 + \Delta S_2 = \Delta S = C \ln (T_f^2/T_1T_2) = -1{,}9$ J.K^{-1}. A est faux : c'est la variation d'entropie du corps 1. B est faux : c'est la variation d'entropie du corps 2. C est faux : c'est la variation d'entropie avec la formule exacte mais avec les températures en °C, au lieu des Kelvins. D est faux : c'est le calcul du B avec en plus des températures en Kelvins.

84 **(A)** La transformation étant isotherme, l'énergie interne ne varie pas : $\Delta U = 0$.

85 **(E)** D'après le premier principe de la thermodynamique : $\Delta U = nC_V\Delta T = Q$. On a : $C_P - C_V = R$, et $C_P/C_V = \gamma$. D'où : $C_V = R/(\gamma - 1) = 12{,}48$ J.mol^{-1}.K^{-1}. D'où : Q = – 84,2 J. Le gaz s'est en effet refroidi. Dans la réponse A la température est restée en °C. D'autre part : $\Delta S = Q/T = -0{,}30$ J.K^{-1}.

86 **(A)** L'atmosphère fournit le travail nécessaire à la pénétration de la masse d'air dans le récipient. $W = \int -P_{ext}dV = P_0V = nRT = \Delta U =$ 2 479 J. Le fait qu'il n'avait pas de gaz dans le récipient initialement explique cette variation d'énergie interne qui est nulle de façon générale pour les transformations isothermes.

87 **(CD)** On a $U = 3\,PV/2 = Ne_c = 7\,500$ J. Nous avons ici, n = PV/RT = 2,05 mol de gaz, soit $N = nN_A = 1{,}23.10^{24}$ atomes. D'où : $e_c = 6{,}07.10^{-21}$ J = 0,038 eV. A est faux : ce résultat peut être obtenu quand la température est restée en °C. De ce fait, E est faux aussi, c'est ce résultat en eV. B est faux : il résulte d'une confusion entre le MeV et le eV.

88 **(D)** On a : $v = (3kT/2\,m)^{1/2} = (3RT/2\,M)^{1/2} = 329$ m.s^{-1}, avec la constante de Boltzmann : $k = R/N_A$. A est faux : il faut convertir M en kg.mol^{-1}. B est faux : la température doit être en Kelvins. C cumule les deux erreurs précédentes. E est faux : la racine carrée a été oubliée.

89 **(A)** On a : $l = 1/(\sigma n\sqrt{2}) = 4{,}7.10^{-4}$ m et on détermine n, le nombre de particules par unité de volume par la loi des gaz parfaits : $p = nkT$, soit : $n = p/kT = 1{,}2.10^{22}$. La section efficace est $\sigma = \pi r^2 = 1{,}25.10^{-19}$ m^2. La réponse B est fausse : oubli du facteur $\sqrt{2}$, et de ce fait la réponse E aussi. C est faux : la température a été mise en °C. D est la cumulation des deux erreurs précédentes.

90 **(D)** Le nombre de moles est $n = P_0V_0/RT = 3{,}08$ mol. La variation d'énergie interne du gaz est : $\Delta U = nC_v\ (T_1 - T_0) = W + Q = -\ P_0\ (V_1 - V_0) + mC\ (T - T_1)$. De plus, d'après la loi des gaz parfaits : $P_1V_1 = nRT_1$ et $P_0V_0 = nRT_0$. Soit : $nC_v\ (T_1 - T_0) = -\ nR\ (T_1 - T_0) + mC\ (T - T_1)$.

La relation de Mayer : $C_p - C_v = R$, implique : $C_P = \gamma R/(\gamma - 1) = 29{,}1$ J.mol^{-1}.°C^{-1}. On a donc : $T_1 = (mC\,T + nC_pT_0)/(mC + nC_p) = 532{,}8$ K. Attention à ne pas confondre les valeurs de C_P et de C_v qui sont reliées entre elles par la relation de Mayer.

91 **(E)** On a $D = lv/3$, v étant la vitesse moyenne des particules, on a $v = \sqrt{(8RT/\pi M)} = 630{,}3$ m.s^{-1}. La section efficace $\sigma = \pi d2/4 = 9{,}62.10^{-20}$ barn. Le libre parcours moyen est $l = 1/(\sigma_n\sqrt{2}) = 6{,}1.10^{-4}$ m. D'où : D = 0,12. Pour le calcul de la vitesse, il ne faut pas oublier de convertir les grammes par mole en kilogrammes par mole. Pour le calcul de la section efficace σ, faire attention au fait que c'est le diamètre qui est donné.

92 **(D)** On a : $n\ (L) = n^o\ e = n_0\, e^{-(\sqrt{A/D})L}$, par passage au logarithme népérien : $\ln(1/e) = \ln(n_0\, e^{-(\sqrt{A/D})L})$, soit : $L = (D/A)^{1/2}$.

93 **(E)** D'après la loi de Fourrier, et en norme : $j_Q = K\,dT/dx = K\,\Delta T/\Delta x = K\,(T_2 - T_1)/L = 2{,}4.10^5$ W.m^{-2}.

94 **(C)** Nous avons d'après le deuxième principe de la thermodynamique : $\delta S^p = \delta Q/T$, soit $S^p = RI^2\Delta t/T = 78{,}4$ J.K^{-1}. De façon générale toute inhomogénéité d'une grandeur intensive crée de l'entropie.

95 **(C)** Nous pouvons écrire d'après la loi de Fourier : $J = -\ KdT/dx$, et comme le régime est stationnaire : $-\ K_1\ (T - T_1)/L_1 = -\ K_2\ (T - T_2)/L_2$, soit : $T = [K_1L_2T_1 + K_2L_1T_2]/(K_1L_2 + K_2L_1) = 262{,}5$ °C.

Optique

UN COMMENTAIRE POUR COMPRENDRE

96 **(ABCE)** La réponse E est fausse : la vitesse de la lumière est finie et vaut c = 300 000 $km.s^{-1}$.

97 **(ADE)** La réponse B est fausse : La lumière ne se propage en ligne droite que dans un milieu homogène. Ce n'est pas le cas, par exemple dans une fibre optique à gradient d'indice, ou dans le cas des mirages. C est faux : l'interprétation de l'effet photoélectrique fait intervenir un choc entre un photon et un électron, c'est donc l'aspect corpusculaire qui est ici en jeu.

98 **(BCDE)** La réponse A est fausse : l'indice d'un milieu est n = c/v, v étant la vitesse de propagation de la lumière dans le milieu considéré.

99 **(ACDE)** La réponse B est fausse : les angles sont mesurés par rapport à la normale au dioptre.

100 **(ABDE)** La réponse C est fausse : les conditions de Gauss permettent un stigmatisme approché, et non rigoureux.

101 **(C)** Dans le triangle IJK : IJ = e/cos r, et dans le triangle IJH : IJ = IH/sin (i – r). On trouve : IH = e sin (i – r)/cos r. Déterminons l'angle r. Nous utilisons la loi de Descartes : sin i = n sin r. D'où : sin r = sin i/n ⇒ 18,52° = r. D'où : IH = 0,36 mm.

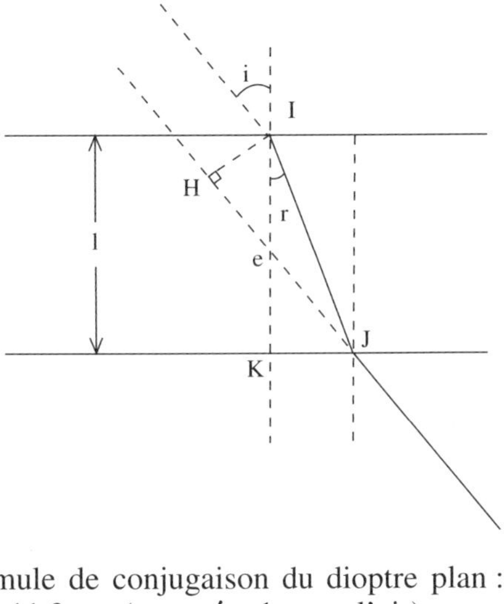

102 **(AE)** Nous utilisons la formule de conjugaison du dioptre plan : AS′ = d′ = n′AS/n = n′d/n = 11,3 cm (avec n′ = 1, pour l'air).

RÉPONSES

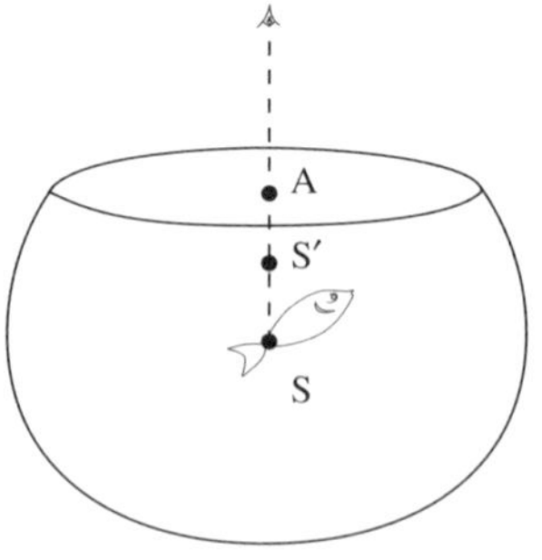

A : surface de l'eau
S : un point du poisson
S′ : l'image de S virtuelle par le dioptre

103 **(B)** Il suffit d'utiliser la formule fondamentale du prisme : r + r′ = A = 35°.

104 **(A)** Cette fois nous utilisons cette autre formule fondamentale donnant la déviation : D = i + i′ – A = 5°.

105 **(A)** On a : $n_1 = a + b/\lambda_1^2$ et $n_2 = a + b/\lambda_2^2$. Il nous reste donc à résoudre un système de deux équations à deux inconnues, étant donné que les indices et les longueurs d'ondes sont connus. On obtient : $a = [n_2 \lambda_2^2 - n_1 \lambda_1^2]/(\lambda_2^2 - \lambda_1^2) = 1{,}60$ et $b = (n_1 - n_2)/(1/\lambda_1^2 - 1/\lambda_2^2) = 0{,}012$, et ceci pour une longueur d'onde exprimée en micromètres. Faire attention aux transpositions lors de l'usage de la méthode de résolution par substitution !

106 **(C)** Il s'agit de l'angle de réfraction limite : $\sin i_l = n_2/n_1 = 0{,}88 < 1$, donc cet angle existe bien contrairement à ce qu'affirme le E. On obtient : $i_l = 62{,}4°$.

107 **(D)** Nous avons : $i + \pi/2 + r = \pi$, soit : $r = \pi/2 - i$. D'après la loi de Descartes : sin i = n sin r, soit encore : sin i = n cos i, ou ; $n = \tan i_b = 1{,}5$: donc, cette équation admettant une solution, le E est faux. Nous aurons donc : $i_b = 56{,}3°$.

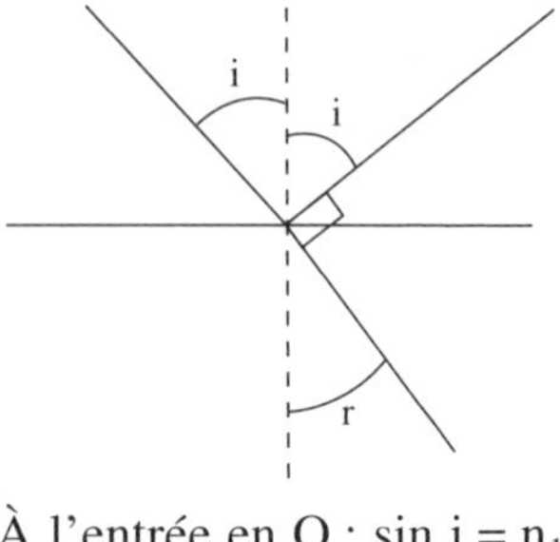

108 **(C)** Il doit y avoir réflexion totale en I. À l'entrée en O : $\sin i = n_1 \sin i'$. En I : $n_1 \cos i' = n_2$, soit $\cos i' = n_2/n_1 < 1$ donc cet angle existe bien contrairement à ce qu'affirme le E. Finalement : sin i′ = $\sqrt{\left[1-(n_2/n_1)^2\right]}$ et sin i = $n_1\sqrt{\left[1-(n_2/n_1)^2\right]}$ = $\sqrt{(n_1^2-n_2^2)}$ = 0,34. Nous en déduisons i = 20,41°.

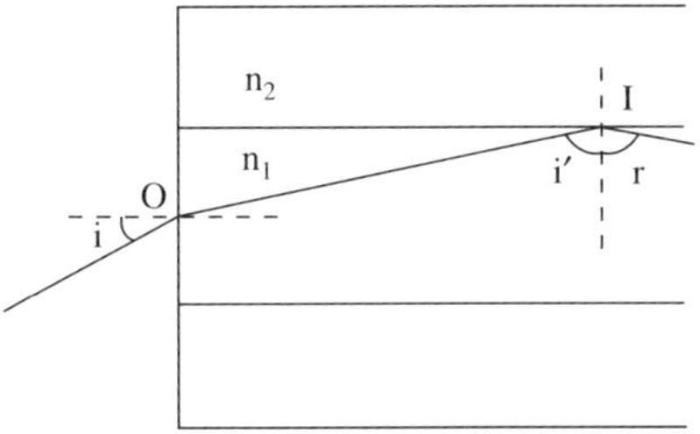

109 **(BD)** La réponse A est fausse : dans une fibre optique, l'information se propage à une vitesse inférieure à celle de la lumière, à cause de l'indice. La réponse C est fausse elle aussi : une fibre à gradient d'indice voit son indice diminuer avec le rayon. E est faux aussi : la lumière est guidée le long de la fibre, mais est réfléchie à la surface de séparation entre les deux indices.

110 **(A)** Il faut d'abord avoir le soin de tracer le trajet suivi par le rayon. L'angle de déviation est par définition, l'angle que fait le rayon lumineux après la traversée de la goutte avec la direction du rayon incident, avant qu'il ne pénètre dans la goutte. Les lois sur les angles dans un triangle donnent : D = (180 – 2r) + (i – r) – (r – i) = 180 + 2i – 4r. On trouve r grâce à la loi Descartes pour la réfraction : n sin r = sin i/n. Soit : sin r = sin i/n = 0,39, soit r = 23,5°. Finalement D = 150°.

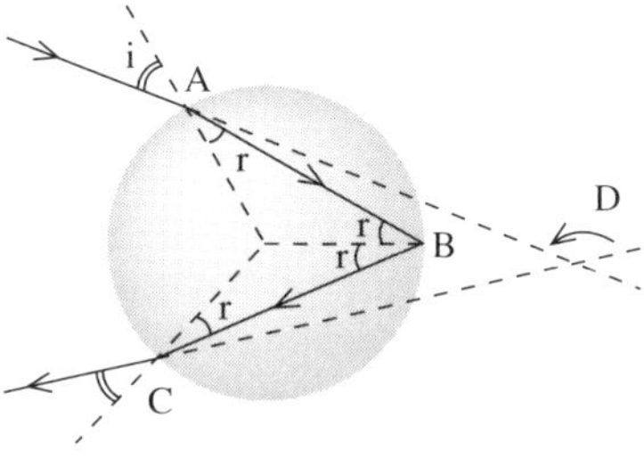

111 **(DE)** La réponse A est fausse : nous voyons sur le schéma précédent que le rayon réfléchi est renvoyé en sens opposé au rayon incident, nous verrons donc l'arc-en-ciel quand nous aurons le dos au Soleil. La réponse B est fausse elle aussi : si c'était le cas les rayons de différentes couleurs seraient renvoyés sous la même incidence vers l'observateur, et cela recomposerait la lumière blanche. La réponse C est fausse : quand on se rapproche de l'arc-en-ciel, ce n'est pas le même groupe de gouttes, mais un autre plus lointain, qui le génére.

112 **(ABD)** La réponse C est fausse : une image virtuelle, qui est le résultat de rayons virtuels, c'est-à-dire de rayons qui ne sont que la prolongation géométrique de rayons réels, ne peut être recueillie sur un écran. La réponse E est fausse : la distance focale dépend de la longueur d'onde.

113 **(ABCD)** La réponse E est fausse : le rayon passant par le centre optique de la lentille n'est pas dévié.

114 **(AE)** La réponse B est fausse : quand l'objet est placé entre le centre optique et le foyer objet d'une lentille convergente, l'image est virtuelle. La réponse C est fausse : le foyer objet se trouve avant la lentille, le foyer image après la lentille dans la convention donnée. La réponse D est fausse : pour pouvoir brûler une feuille de papier, il faut que les rayons lumineux convergent après la lentille, ce qui n'est pas le cas avec une lentille divergente.

115 **(A)** Nous utilisons la formule de conjugaison de Descartes : $-1/p + 1/p' = 1/f'$. On a : $p' = +0{,}15$ m, $p = -0{,}2$ m. D'où : $f' = 8{,}6$ cm. Notons aussi que p doit être négatif, étant donné qu'il se trouve avant la lentille et que le sens positif choisi est toujours le sens d'arrivée de la lumière sur le système. Tout de suite nous pouvons voir que le E est faux car c'est lorsque l'objet est à l'infini que l'image se forme dans le plan focal image.

116 **(D)** Nous utilisons encore une fois la formule de conjugaison de Descartes, avec f' négatif cette fois. $1/p = 1/f' - 1/p'$. Soit : $p = -0{,}5$ m. Il ne faut pas oublier ici, en effet que le point focal image est situé avant la lentille divergente, et que l'image est virtuelle donc située avant la lentille aussi.

117 **(A)** La première lentille convergente va former une image A_1B_1 de l'objet AB. Donc : $-1/\overline{OA} + 1/\overline{OA_1} = 1/f_1'$. La deuxième lentille va donner l'image A'B' de A_1B_1 : $-1/\overline{OA_1} + 1/\overline{OA'} = 1/f_2'$. Soit, par addition membre à membre : $-1/\overline{OA} + 1/\overline{OA'} = 1/f_1' + 1/f_2' = 1/f'$.

D'où : $f' = f'_1 f'_2/(f'_1 + f'_2) = 8{,}6$ cm. La vergence est l'inverse de la distance focale image : $V = 1/f' = 11{,}63\ \delta$.

118 **(E)** La formule donnant le grandissement transversal d'une lentille mince est : $\gamma = \overline{A'B'}/\overline{AB} = p'/p$. Nous déterminons p′ par la loi de Descartes : $-1/p + 1/p' = 1/f'$. Soit, $p' = pf'/(f' + p)$. D'où, finalement : $\gamma = -2{,}5$. L'image est donc inversée, le grandissement étant négatif. Il ne faut pas oublier de prendre en compte le signe de $p = -17{,}5$ cm, car l'objet est situé avant la lentille et le sens positif choisi est le sens de parcours de la lumière.

119 **(E)** Il s'agit ici de trouver un lien entre l'indice et la distance focale. Une lentille mince est un ensemble de deux dioptres sphériques. Le premier dioptre donne une image A_1B_1 de l'objet AB soit : $1/\overline{OA} - n/\overline{OA_1} = (1 - n)/\overline{S_1C_1}$ et le deuxième dioptre donne une image A′B′ de A_1B_1 : $n/\overline{OA_1} - 1/\overline{OA'} = (n - 1)/\overline{S_2C_2}$. Par addition membre à membre : $-1/\overline{OA} + 1/\overline{OA'} = (n - 1)(1/\overline{S_1C_1} - 1/\overline{S_2C_2}) = (n - 1)[1/R_1 + 1/R_2] = 1/f'$ d'après la formule de conjugaison de Descartes. Bien faire attention au sens de propagation de la lumière qui donne le sens positif pour les calculs. On en déduit : $f'_1 = 1{,}6388$ m et $f'_2 = 1{,}6675$ m. On en déduit : $\Delta f' = 2{,}8$ cm.

120 **(B)** Quand l'objet est placé au punctum proximum, distance minimale de vision distincte, il est vu sous l'angle : $\alpha = AB/d_m$.
Comme l'objet est placé au foyer objet, l'image qu'en donne la loupe est projetée à l'infini. Nous avons donc : $\alpha' = AB/f$.
Nous en déduisons le grossissement : $G = \alpha'/\alpha = d_m/f = 5$.

121 **(D)** Le grandissement d'un dioptre sphérique est donné par : $\gamma = n\,\overline{SA'}/n'\overline{SA}$. Avec $n' = 1$ et $n = 1{,}33$. Nous pouvons déterminer $\overline{SA'}$ par la formule de conjugaison : $n/\overline{SA} - n'/\overline{SA'} = (n - n')/\overline{SC}$. Soit : $n'/\overline{SA'} = n/\overline{SA} - (n - n')/\overline{SC} = -12{,}82$ m.
Or : $\overline{SA}/n = -10$ m.
D'où : $\gamma = 1{,}28$.

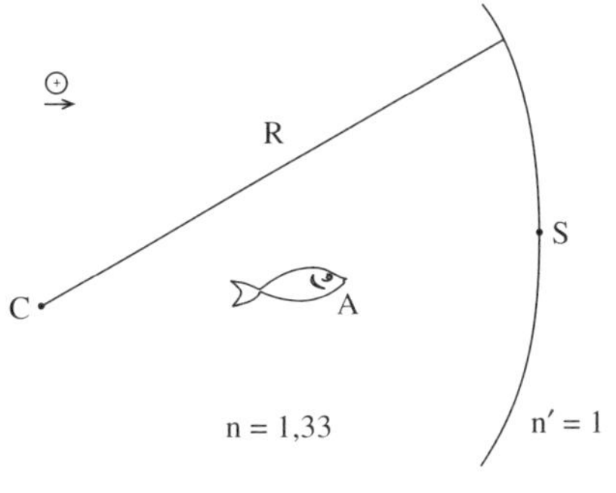

122 **(A)** La réponse est ici très simple : l'homme verra ses pieds dans le miroir si un rayon issu des ses pieds rencontre le miroir en son extrémité supérieure, comme le figure le schéma ci-contre. Nous aurons donc : h = 91,5 cm.

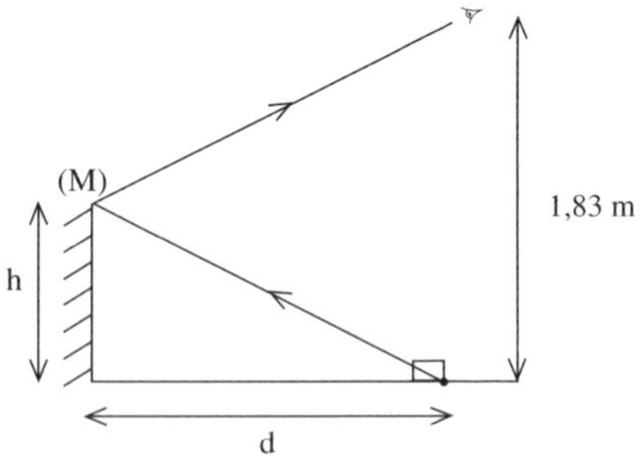

123 **(B)** Après la rotation de α, l'angle d'incidence devient α, l'angle de réflexion est donc aussi α, d'après la loi de Descartes sur la réflexion. Le rayon réfléchi a donc tourné de $2\,\alpha = 30°$.

124 **(ADE)** B est faux : le télescope de Newton possède un miroir concave, ce qui en fait un système catadioptrique. C est faux : le grossissement a son importance mais pour l'observation d'objets peu lumineux, comme les nébuleuses ou les galaxies il faut aussi assurer un diamètre suffisant pour augmenter la luminosité du télescope.

125 **(D)** Nous commençons par convertir en radian l'angle donné en minutes : $31'58'' = 9{,}3.10^{-3}$ rad. L'image du Soleil se trouve dans le plan focal de l'objectif, étant donné que le Soleil est à l'infini. L'image du Soleil sur l'écran a pour dimension : $A_1B_1 = f_1'\alpha$. D'où : $f_1' = A_1B_1/\alpha = 64{,}5$ cm.

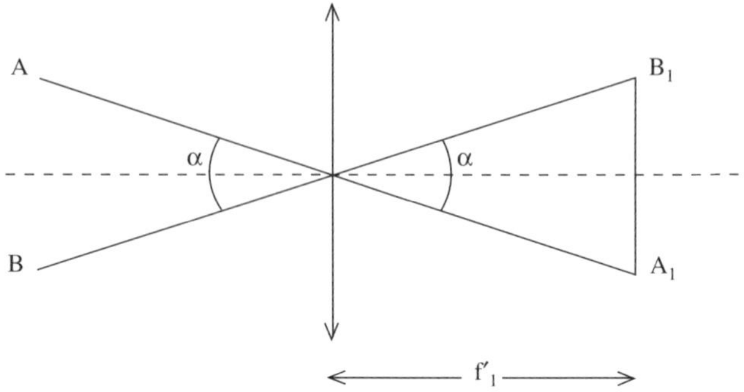

126 **(C)** Nous pouvons écrire, pour de petits angles : $\alpha' = A_1B_1/f'_2 = \alpha f'_1/f'_2$. Le grossissement sera : $G = \alpha'/\alpha = f'_1/f'_2 = 10{,}75$. La valeur des angles n'importe pas ici.

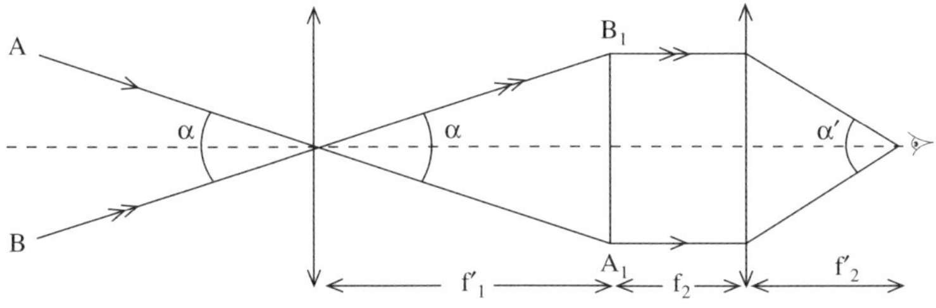

127 **(BE)** A est faux : le cristallin est assimilable à une lentille convergente, et sa distance focale est variable afin de permettre l'accommodation. C est faux : l'œil est un récepteur, et en tant que tel il est doublement limité en perception en intensité ainsi qu'en fréquence. D est faux : l'iris est effectivement un diaphragme mais c'est l'inverse qui se produit. Il se contracte quand il y beaucoup de lumière et se dilate quand il y en a peu.

128 **(A)** Pour corriger une presbytie il faut une lentille convergente, afin de rapprocher l'image nette qui se trouve derrière la rétine, sur la rétine. De la même façon, la loi de Descartes s'écrit : $-1/p + 1/p' = 1/f'$. Soit ici : $-1/(-0{,}5) + 1/(0{,}04) = 3{,}7$ cm. Il convient ici de faire attention au signe de p, qui est négatif car l'objet se trouve devant le cristallin. La lentille est convergente donc forcément $f' > 0$.

129 **(B)** Nous avons ici : $f = R/2 = 60$ cm. La formule de conjugaison donne la position de l'objet pour que l'image soit nette : $1/\overline{SA} + 1/\overline{SA'} = 2/\overline{SC}$. Soit : $SA = Rd/(2d - R) = 0{,}70$ m. Enfin le grandissement est : $\gamma = -SA'/SA = -5{,}7$.

130 **(A)** Les rayons issus d'un objet situé à l'infini et passant par le centre du miroirs C, sont déviés selon le schéma en page suivante.

L'image A_1B_1 se forme au foyer image du miroir à la distance $f' = R/2$ du sommet du miroir. Pour de petits angles nous pouvons écrire : $A_1B_1 = f'\alpha = R\ \alpha/2$. Le dispositif étant conçu pour que l'oculaire donne une image de A_1B_1 à l'infini. Après réflexion par

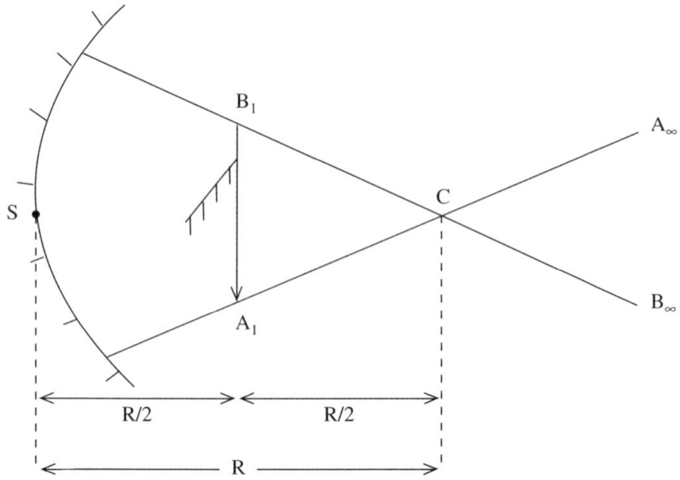

le miroir plan, nous aurons une image A′B′ de A_1B_1. Nous avons donc la situation suivante :

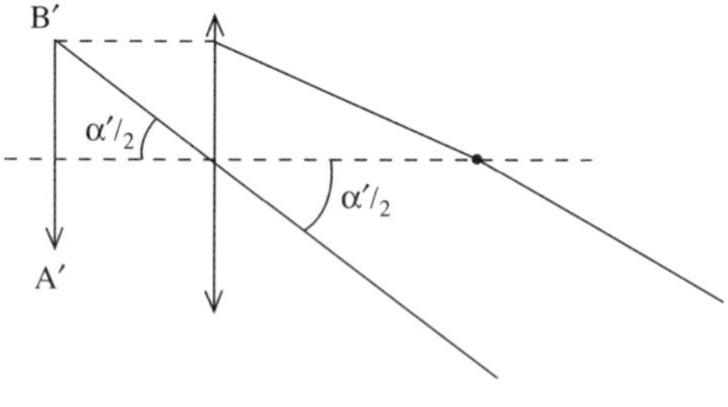

Finalement, comme $A'B' = A_1B_1$, nous avons : $\alpha' = A_1B_1/f$. Par définition, du grossissement : $G = \alpha'/\alpha = R/2f = 40$.

Ondes

UN COMMENTAIRE POUR COMPRENDRE

131 **(DE)** A est faux : une onde est déplacement d'énergie sans déplacement de matière. B est faux : la période et la fréquence d'une onde restent inchangées lors du passage d'un milieu à un autre. C est faux : le son se propage mieux dans le solide que dans les gaz, et ceci est dû justement à la nature des liaisons intermoléculaires.

132 **(BE)** Il faut donc trois secondes pour effectuer un mouvement complet. Un demi mouvement dure 1,5 s. Donc l'observateur se trouve à $d = ct = 340 \times 1,5 = 510$ m. E convient aussi, car il y a un décalage temporel d'une période. Les réponses A, C et D correspondent à des cas où la période est incomplète, et sont donc fausses.

133 **(A)** Nous avons $\lambda = c/f = 97,1$ cm. Quand une onde passe d'un milieu à un autre sa fréquence reste inchangée, mais par contre sa longueur d'onde est modifiée. Nous pouvons donc écrire : $\lambda_1/c_1 = \lambda_2/c_2$. D'où : $\lambda_2 = \lambda_1 (c_2/c_1) = 428,4$ m.s^{-1}.

134 **(A)** Nous avons, comme un fuseau correspond à une demi longueur d'onde : $L = \lambda/2$, soit $\lambda = 2L = 1,80$ m. Soit, $v = \lambda f = 630$ m.s^{-1}. Nous en déduisons le tension par la formule donnée : $T = \mu v^2 = 198,4$ N. La fréquence demeure inchangée lors du passage d'un milieu à un autre.

135 **(CDE)** L'onde reçue à l'instant t en x = 8,5 m, a été émise à t – x/c au niveau de la source. Nous pouvons donc écrire : $p_M (t) = p_m \cos 100\pi (t - 8,5/340) = p_m \cos [100\pi (t - 5\pi/2)] = p_m \cos (100\pi t - \pi/2) = p_m \sin 100\pi t$. Nous rappelons en effet que $\cos (\pi/2 - \alpha) = \sin \alpha$, et que $5\pi/2 = 2\pi + \pi/2 = \pi/2$ [mod 2π].

136 **(ABCD)** E est faux : même s'il est vrai que les ondes vérifient un principe de superposition, c'est-à-dire que leurs amplitudes s'additionnent, cela n'est pas vrai pour l'intensité qui est le carré de l'amplitude totale.

137 **(AE)** B est faux : pour obtenir des interférences il faut nécessairement des ondes cohérentes (différence de phase constante entre les sources) et synchrones (même fréquence). C est faux : on a un ventre si $d_1 - d_2 = (2k + 1) \lambda$, or ici $d_1 - d_2 = 0$. On est sur un nœud

d'interférence. D est faux : les ventres sont espacés de $\lambda/2$: en $x = 0{,}5 + \lambda/2 = 0{,}67$ m, avec $\lambda = 0{,}34$ m, on a un nœud.

138 **(D)** A est faux : pour qu'il y ait interférence il faut deux sources, ce qui n'est pas la cas ici. B est faux : les points espacés de λ sont en phase. C est faux : les points espacés de $\lambda/2$ sont en opposition de phase. E est faux : les deux points donnés sont espacés de $\lambda/4$, ils ont en quadrature de phase. Le A est vrai du fait que : $\Delta x/\lambda = 2t$ N.

139 **(E)** Nous avons : $x = (2k + 1)\ \lambda = 1{,}80$ m, étant en opposition de phase. Au bout de 5 oppositions de phases, on a $k = 4$. D'où : $\lambda =$ 20 cm. Il ne faut pas oublier que la première opposition de phase est obtenue pour $k = 0$, donc la dernière pour $k = 4$.

140 **(AB)** L'oiseau s'éloigne du récepteur, car la fréquence reçue est plus petite que la fréquence émise. Nous avons d'après les formules relatives à l'effet Doppler : $f = f_0\ (1 - v/c)$. Soit : $v = c\ (1 - f/f_0) =$ 13,6 m.s^{-1}.

141 **(BCD)** A est faux : la fréquence a augmenté, cela signifie que le globule s'approche de la sonde. Donc : $f = f_0\ (1 + v/c)$, soit encore : $v = c\ (1 - f_0/\Delta f) = 29{,}4$ cm.s^{-1}. Le débit volumique est $d_v = dv =$ 0,088 L.s^{-1}. E est faux : il faut convertir les millimètres en mètres.

142 **(BD)** A est faux : les deux ondes étant cette fois en opposition de phase au milieu du segment du fait de la réflexion sur un plan fixe qui impose un déphasage supplémentaire de l'onde réfléchie égal à π. C est faux : il y a une distance égale à λ qui sépare le milieu du point de calcul précédent, donc $x = 2{,}17$ m est un minimum. E est faux : il y a bien interférence, le déphasage entre les ondes étant constant, les sources sont bien synchrones.

143 **(A)** Par identification à $y = A \sin \omega t$, on trouve : $A = 15$ cm, $\omega =$ π rad.s^{-1}, $f = \omega/2\pi = 0{,}5$ Hz, $T = 1/f = 2$ s.

144 **(B)** Nous avons ici une répartition de la puissance acoustique sur une sphère, l'émission étant isotrope : $P = I\ (r_1)\ 4\pi r_1{}^2 = I\ (r_2)$ $4\pi r_2{}^2$, soit : $I\ (r_2) = (r_1/r_2)^2\ I\ (r_1)$.

Nous en déduisons le niveau sonore : $\alpha_2 = 10 \log [(r_1/r_2)^2\ I\ (r_1)/ I_0] = 10 \log (r_1/r_2)^2 + 10 \log (I_1/I_0) = \alpha_1 + 20 \log (r_1/r_2) = 44$ dB. D'entrée de jeu, on voit que les réponses A, D et E sont fausses :

l'intensité sonore décroît forcément avec la distance. Les réponse A et E peuvent être générées par des erreurs de signe. La réponse C est fausse : elle part du fait que l'intensité sonore décroît de façon inversement proportionnelle à la distance.

145 **(A)** Le son devient inaudible quand le niveau sonore est nul : $\alpha = 0$. D'après le calcul de l'exercice précédent : $\alpha_1 + 20 \log (r_1/r) = 0$, soit : $r = r_1 10^{\alpha 1/20} = 4$ km.
Les réponses B et D sont fausses : bien veiller à passer à la puissance de 10, et non à l'exponentielle de base e. Ne pas inverser α_1 et 20 dans le calcul, comme il est possible que cela ait été fait dans les réponses C et D. E est faux : l'intensité de la source étant limitée, et décroissante en fonction de la distance.

146 **(A)** Nous avons, d'après la formule donnée dans l'énoncé : $h^2 = c^2/g$. Nous en déduisons tout de suite : $h_2 - h_1 = (c_2^2 - c_1^2)/g = 2{,}25$ mm.

147 **(B)** La différence de marche correspond ici, à la différence de distance parcourue. Nous pouvons écrire : $d_2^2 = D^2 + (x + a/2)^2$ et $d_1^2 = D^2 + (x - a/2)^2$. D'où : $d_2^2 - d_1^2 = (d_2 + d_1)(d_2 - d_1) = (x + a/2)^2 - (x - a/2)^2 = 2xa$. Comme d_2 est sensiblement égal à d_1, et donc à D, $d_2 + d_1 = 2D$. D'où : $\delta = d_2 - d_1 = ax/D = 6$ mm.

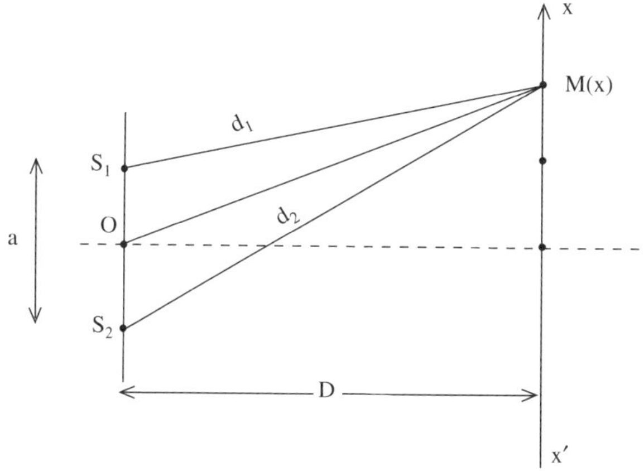

148 **(C)** L'interfrange est la distance séparant deux maxima ou deux minima. Un maximum est obtenu pour $\delta_k = k\lambda$ soit $x_k = k\lambda D/a$ et $\delta_{k+1} = (k+1)\lambda$ soit $x_{k+1} = (k+1)\lambda D/a$ pour le maximum suivant.

Nous aurons finalement : $i = x_{k+1} - x_k = \lambda D/a$. Nous obtenons pour la longueur d'onde $\lambda = c/f = 0{,}034$ m. Finalement : $i = 0{,}68$ m. Il convient de remarquer ici que la formule donnant l'interfrange, c'est-à-dire la distance séparant deux nœuds ou deux ventres d'interférence $i = \lambda/2$, n'est utilisable que sur la ligne joignant les deux sources.

149 **(C)** Nous pouvons utiliser le résultat de la question précédente, tout à fait généralisable pour les ondes lumineuses : $i = \lambda D/a = 5{,}5$ mm.

150 **(A)** Il s'agit ici de déterminer les longueurs d'onde qui créent des interférences destructives. Pour une interférence destructive, $\delta = ax/D = (k + ½)\ \lambda = 1{,}6\ \mu m$. Soit $k = \delta/\lambda - ½$. Pour $\lambda = 0{,}380\ \mu m$, nous obtenons : $k = 3{,}71$. Pour $\lambda = 0{,}780\ \mu m$, nous obtenons $k = 1{,}51$. Nous n'avons ici 2 cannelures, pour $k = 2$ et $k = 3$.

Photocomposition : **SCM**, Toulouse
Achevé d'imprimer en mars 2004
sur les presses de la SNEL S.A., rue Saint-Vincent 12 – B-4020 Liège
tél. 32(0)4 344 65 60 - fax 32(0)4 341 48 41

Dépôt légal : mars 2004
N° d'imprimeur : 31358
Imprimé en Belgique